図解 よくわかる 電車線路のはなし 第2版

著 鈴木安男・猿谷應司・大塚節二
Suzuki Yasuo　Saruya Fusaji　Otsuka Setsuji

日刊工業新聞社

はじめに（第2版）

　初版「図解よくわかる電車線路のはなし」の出版から約10年の歳月が流れ、その間に東日本大震災という未曾有の災害を経験しました。鉄道電車線路にまつわる状況も、海外への技術移転・展開、若年層の意識の変化、新技術導入など大きく変化してきました。
　これらを踏まえて今回、初版の内容を全面的に見直し、内容を変更・整理、いま、伝えておきたいこと、時代の流れに対応したもの、世代交代による若年層の意識変化、今後の国際化の流れの話題などを取り入れ改訂し、「図解よくわかる電車線路のはなし〈第2版〉」を出版することにしました。
　また、ちょっと役に立つコラムを多数追加し、初版とは一味違った趣に配慮しました。
　初版でも紹介したように毎日、皆さんが通勤・通学の足として利用している鉄道は、わずか直径10mm程度の細いトロリ線が、電車のパンタグラフに電気を送ることで日夜、正確なダイヤで動いています。つまり、この細いトロリ線が、1列車当り何百人、何千人もの人や大量の物を輸送する動力となっているのです。
　このように、架線がないと電車は動かず、安全で安定な輸送は確保できません。そしてこの架線も、鉄道車両のモデルチェンジほど派手ではありませんが、過去から現在まで、その線区の輸送需要、重要度、経済性、保守性などを考慮して、適切な架線方式の採用やモデルチェンジ等をしてきました。
　例えば、縦に2本線の電線が並んだシンプル架線や3本線が並んだコンパウンド架線、地下鉄のように1本の鉄やアルミ等を使った剛体架線と呼ばれるものなど、いろいろな種類の架線があります。また、電柱にしてもコンクリート柱のように太くて長いものから、鋼管柱のようにスリムで景観的にすっきりしたものなど多種多様なものがあります。
　このような鉄道の架線や電柱等は、一見単純に見えますが、電気計算、

強度計算、集電理論、試験やシミュレーション等の裏付けを基に計画・設計され、工事施工についても多くの実務と経験の上に成り立っています。よく「経験工学」などと呼ばれる所以です。

　しかし、これら架線、電柱、電線等について書かれ市販されている図書や雑誌には、わかりやすく電車線路に特化して書かれたものが見当たりません。電気鉄道全般にわたる概論的なものの一部として書かれた例はありますが、総花的になるためか、物足りないきらいがあります。そこで、これら一般には架線とも呼ばれる電車線、電柱、電線等について、わかりやすく解説することを目標にこの本を執筆しました。

　今回の執筆に当たっては、次のような人を対象にいかに「わかりやすく」ということを基本に解説し、構成しています。

・鉄道を利用している皆さんの中で何気なく景色の一部として見ている線路の上にある架線などに、興味を感じ内容を知りたいと思っている人
・鉄道設備の「過去、現在、未来」に興味を持っていて、電車線路について、もう少し知り、話のタネや話題等として活用したいと思っている人

　このような方々に気楽に読んで頂き、さらに興味をもって日常の電車線を見て頂ければ幸いです。

　2018年12月

プロジェクトＺ代表
鈴木安男

CONTENTS

はじめに……………………………………………………………… Ⅰ

第1章　電車線路の基礎のきそ

- 01　電車線路設備の構成及び用語の意味 …………………… 002
- 02　電車線路のシステム ……………………………………… 014
- 03　電車線路方式の移り変わり ……………………………… 016
- 04　どうして直流と交流があるのか ………………………… 019
- 05　電車線路の標準電圧 ……………………………………… 022
- 06　電車線路設備と建築限界・車両限界 …………………… 025
- 07　電車線路と法令など ……………………………………… 027
- 08　電車線路の材料 …………………………………………… 030
- 09　電車線路がいし …………………………………………… 032
- 10　電車線の電圧が下がったら電車は停まるのか ………… 035
- 11　電車線とパンタグラフの相互関係 ……………………… 037
- 12　トロリ線とすり板の協調 ………………………………… 040
- 13　電車線路の設計は何をするのか ………………………… 043
- 14　モノレールの電車線 ……………………………………… 046
- 15　地下鉄の電車線 …………………………………………… 049
- 16　路面電車の電車線 ………………………………………… 052
- 17　黒磯駅や藤代駅付近での交直切替設備 ………………… 055
- 18　電車線路システムの新しい技術 ………………………… 058
- 19　電車線路の新技術と実用例 ……………………………… 060
- 20　電気鉄道は優れもの ……………………………………… 062

第2章　き電線のはなし

- 21　き電線のしくみ …………………………………………… 066
- 22　き電線の移り変わり ……………………………………… 068
- 23　き電線のはたらきと役割 ………………………………… 070
- 24　き電線の設備はどのようなものがあるのか …………… 072
- 25　き電線の腐食で電車が停まることがあるのか ………… 074
- 26　き電線の工事 ……………………………………………… 076
- 27　き電線にまつわる意外な現象 …………………………… 078
- 28　失敗のはなし（き電線の不具合が見えるとき）……… 081

第3章　電車線のはなし

- 29　電車線のしくみ ……………………………………………………086
- 30　電車線の形とスピード競争 ………………………………………088
- 31　電車線の伸び縮みとその調整 ……………………………………090
- 32　電車線はなぜ裸か …………………………………………………092
- 33　電車線の高さ ………………………………………………………094
- 34　電車線偏位とパンタグラフの関係 ………………………………096
- 35　駅構内の複雑な電車線 ……………………………………………098
- 36　あんなに細いトロリ線はどのくらい強いのか …………………101
- 37　区分装置のいろいろ ………………………………………………103
- 38　電車線金具 …………………………………………………………105
- 39　電車線材料や金具が腐食したときはどうなるのか ……………108
- 40　緩んだり疲れたりする電車線の金具 ……………………………110
- 41　き電線のない電車線 ………………………………………………113
- 42　架線は温度と風で変身する ………………………………………115
- 43　電車線の工事 ………………………………………………………118
- 44　電車線の最新技術 …………………………………………………120
- 45　失敗のはなし（消えた設備・幻の設備など）……………………123

第4章　帰線のはなし

- 46　電車線とレールの関係 ……………………………………………126
- 47　レールに触っても安全か …………………………………………128
- 48　レールを流れる電流は大地に漏れて迷走する …………………130

第5章　支持物のはなし

- 49　支持物のいろいろ …………………………………………………134
- 50　支持物の移り変わり ………………………………………………137
- 51　鋼材のいろいろと使い方 …………………………………………140
- 52　景観支持物とはなにか ……………………………………………143
- 53　電柱基礎の形と強度 ………………………………………………146
- 54　いろいろな電柱基礎の工夫 ………………………………………148
- 55　電柱番号のはたらき ………………………………………………151
- 56　支持物と地震・雪 …………………………………………………153
- 57　支持物と風の関係 …………………………………………………155
- 58　支持物の工事 ………………………………………………………157

| 59 | 支持物の新技術 | 159 |
| 60 | 失敗のはなし（支持物の変形と破壊） | 161 |

第6章　諸設備のはなし

61	雷から電車線路を保護しているのはなにか	166
62	電車線路の地絡事故は、どのように保護するのか	168
63	電車線路の標識と標	170

第7章　電車線路と安全のはなし

64	電車線路と事故防止	174
65	電車線路と離隔距離	176
66	踏切の安全対策	178
67	電車線路作業とルール	180
68	電車線路の作業はいつやっているのか	183
69	電車が走っている区間の一部を停電できるのか	185
70	へびやカラスで電車が停まるのか	188
71	電車線路事故（天災）	190
72	電車線路事故（踏切）	192
73	電車線路にかかわる事故例	194
74	電車線路の環境対策はどうなっているのか	196
75	電車線路と安全の新しい技術	198
76	電車線路作業と高年齢化対策	200
77	電車線路とリスクマネジメントシステム	203
78	電車線路とヒューマンエラー	205

第8章　電車線路のこれから

79	電車線路と国際規格化	208
80	電車線路の若手の人材育成	211
81	メンタル面の事故防止対策	214
82	実施基準は会社のバイブル	216
83	新しい支援物の傾向は	218

コラム

コラム①	鉄道技術基準	002
コラム②	鉄道安全とは	029
コラム③	「ありがとう」と皮肉を言われて学んだ設計	045
コラム④	強度があるのに撓む（たわむ）	048
コラム⑤	架空複線式電車線が消えてゆく	054
コラム⑥	全国新幹線網整備後の電車線路は？	064
コラム⑦	まず列車を通す	084
コラム⑧	電車線路にまつわる教訓	100
コラム⑨	高速架線変身の歴史	132
コラム⑩	ビームの世代交代	139
コラム⑪	幹線鉄道でき電電圧650Vの珍しい鉄道	142
コラム⑫	信越線横川・軽井沢間のアプト式鉄道の集電方式	164
コラム⑬	気づき	182
コラム⑭	ダム建設で消えた半斜ちょう式架線方式	187

おわりに……220
引用・参考文献……222
索引……224

第1章 電車線路の基礎のきそ

01 電車線路設備の構成及び用語の意味

電車線路設備の構成及び用語の意味を、図表1-1に示します。
見方については、以下によります。

```
2き電線
2.i-き電線
2.i-1架空き電線
2.i-2き電ケーブル
```

1：電車線路の構成分類
2：き電線
3：架空き電線
4：帰線
5：支持物
6：諸設備

2.1：き電線構成要素
2.1.1：架空き電線　構成要素の細目
2.1.2：き電ケーブルの例を図表1-2電車線路設備例の2.1.1
　　　の直流架空き電ケーブルを示します。

コラム① 鉄道技術基準

　鉄道に関する技術上の基準を定める省令(以下、鉄道技術基準という)は、2001(平13)年に抜本的改正が行われました。これにより、今まで国土交通省令を順守していればよかったのですが、これからは鉄道事業者の自己責任が問われ、経営者の自主性(会社のルールを自分が決めて自分で守る)が確保されなければなりません。
　1993(平5)年11月8日に国の経済改革研究会において「規制緩和をどう考えるのか」について規制緩和の原則が提案されました。
　これは、「自己責任原則と市場原理に立つ自由で公正な経済社会と行政のあり方を基本」とする基本方針です。
　それを受けて、1998(平10)年11月13日に運輸技術審議会(当時の運輸省)において「今後の鉄道技術行政のあり方について」が答申されました。
技術基準のあり方
(1) 鉄道技術基準
　　鉄道技術基準は、性能規定化(従来の構造規格は廃止)とし、性能規

定化（本来持っている条文の働き、役割、能力、目的を表したもの）することにより、
　①鉄道事業者の自主的、主体的判断の幅を拡大する。
　②技術的な自由度の拡大を図る。
(2) 解釈基準
　解釈基準の内容は、具体化・数値化し例示したものとする。これは、強制力をもたない通達（国の機関が地方機関などに行う命令のこと）。
(3) 解説
　解説は、必要に応じ実務者の参考になるように省令など、**解釈基準**の根拠や考え方をまとめたもの。
(4) 実施基準（各鉄道事業者が作成し、地方運輸局長に届けたもの。事前届け出が必要）
　鉄道事業者は、施設の設計や運用を図るため、自主的に省令などの範囲内で実情を反映した詳細な**実施基準**を定める。
(5) 鉄道技術基準の主な内容
　①安全の確保に関する事項
　②計画した輸送の確保に関する事項
　③移動制約者への配慮に関する事項
(6) 性能規定化することによる特徴
　①メリット
　　ア 多様な設計ができる。
　　イ 様々な新材料や新技術への対応に優れる。
　　ウ 技術基準としての柔軟性がある。
　　エ 技術基準が求めている主旨や目的が明確になる。
　　オ 非関税障壁（関税以外の手段により自由な貿易を妨げる障害）がクリアできる。
　②デメリット
　　ア 性能（目的）が決められているだけで、個々の設計が性能規定を満足しているかどうかの判断基準がないと機能しなくなる。判断基準は、あくまでも**解釈基準や解説**。
　　イ 解釈基準のような評価基準がない場合は、試作試験、理論的計算などで安全であることを証明しなければならない。これをクリアするには、相当の技術力が必要。
　　ウ 事業者として自由度がある反面、表現が抽象的になり、規制強化になりかねない。できるだけ具体的な表現にする。
(7) 解釈基準にない事項を実施する場合の優先順位
　①解説の内容を取り込む。
　②JIS（日本工業規格）、JESC（日本電気技術規格委員会）、JEAC（日本電気協会電気技術基準規程）などの国内規格に適合したしたものを採用。
　③IEC（国際電気標準会議）、ISO（国際標準化機構）などの国際規格に適合したものを採用。
　④公的機関による安全性の証明などが必要。
　⑤事業者自らが安全性を検証。

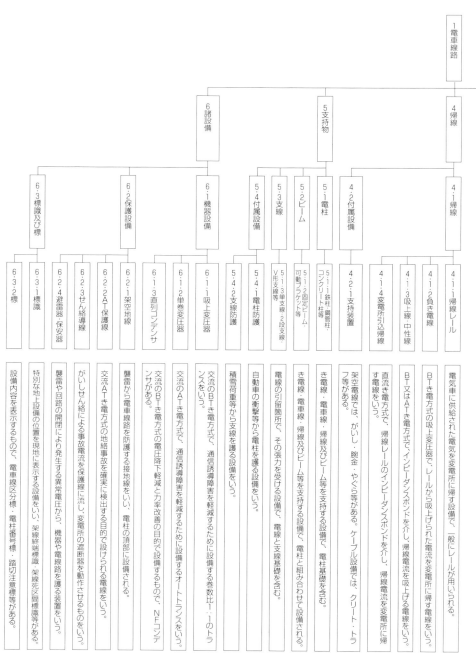

図表1-1　電車線路設備の構成及び用語の意味

電車線路設備の構成及び用語の意味

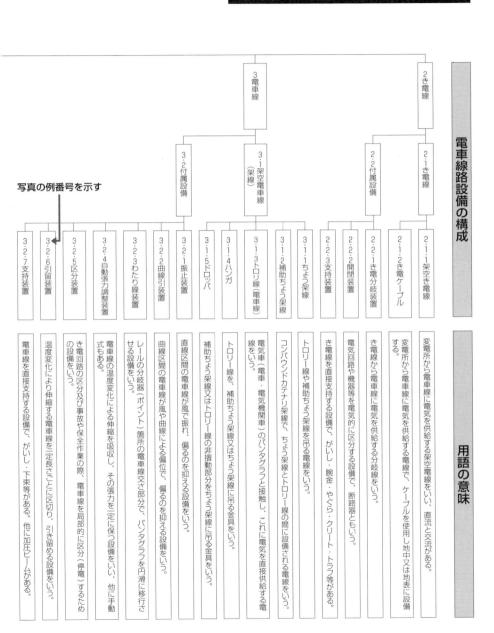

図表1-2　電車線路設備の例

6.2.4 直流避雷器（駅構内）

5.1.2 鋼管ビーム（駅構内）

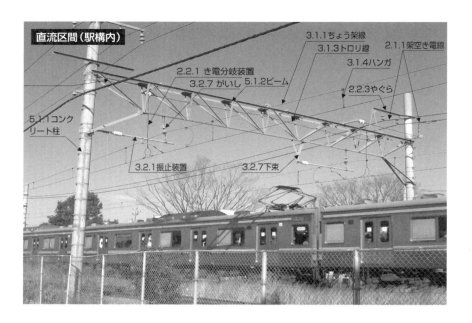

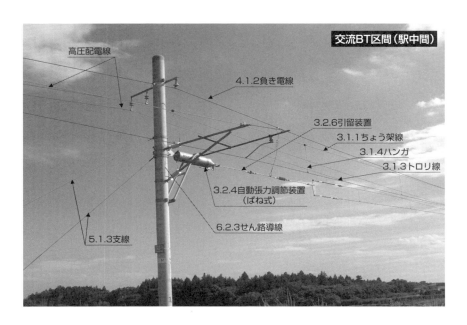

交流AT区間（駅中間）

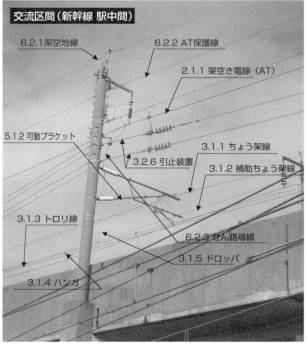

交流区間（新幹線 駅中間）

02 電車線路のシステム

　電気を動力源として、電車や電気機関車（電気車）を走行させる鉄道のことを電気鉄道といいます。そしてこの電気車による列車運転を電気運転といいます。電気車で使われる電気の流れは、電力会社から購入した電気または自営発電の電気を必要な電圧に変換する変電所からき電線を経由して電車線に送り、電気車のパンタグラフを通じて電気車内のモータを駆動させた後、走行用レールを利用して、変電所へ帰すというシステムになっています。

≫電気鉄道のシステム

　電気鉄道のシステムには、直流方式と交流方式があります。
　直流方式は、交流の電気を変電所で直流に変換し、き電線を経由して電車線に給電するシステムです。また、交流方式は、交流の電気を変電所で必要な電圧に変換してトロリ線に給電するシステムです。
　電気鉄道が走り始めた当初は、直流方式が広く採用され、その後交流電化が実用化され発展してきました。そのため、直流方式はJR在来線や民鉄等に使用され、交流方式はJRの新幹線や在来線に使用されています（図表1-3、図表1-4）。

≫電車線路のシステム

　電車線路のシステムは、架空単線式、架空複線式、第三軌条式（サー

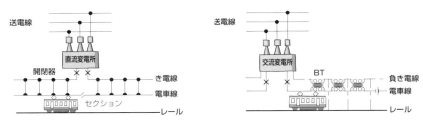

図表1-3　直流方式　　　　　図表1-4　交流方式（吸上変圧器(BT)方式）

ドレール式）、剛体複線式に分類されます（図表1-5）。

　架空単線式の電気の流れは、変電所→電車線→電気車→レールを経由して変電所に帰す方式で、最も代表的な方式です。

　架空複線式は、トロリバスに使用されている方式で、集電ポールと接触する電車線を2本設備しています。電気の流れは、変電所→正の電車線→電気車→負の電車線を経由して変電所に帰します。

　第三軌条式（サードレール式）は、地下鉄で採用されている方式で、走行用レールの横に、レールをもう1本（3本目のレール）設備したものです。電気の流れは、変電所→第三軌条→電気車→レールを経由して変電所に帰します。

　剛体複線式は、モノレールや新交通システムに用いられる方式で、走行軌道桁に剛体構造とした給電用及び帰線用の導電レールを設備した方式です。電気の流れは、変電所→正の導電レール→電気車→負の導電レールを経由して変電所に帰します。

集電方式	構　造
架空単線式	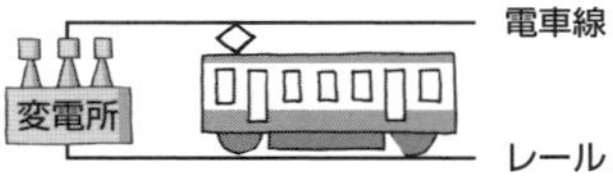 変電所／電車線／レール
架空複線式	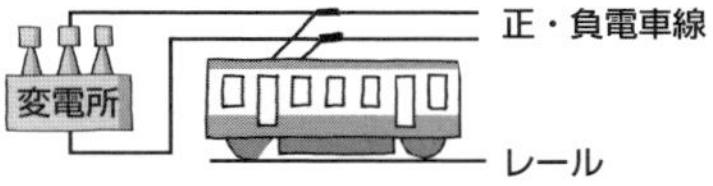 変電所／正・負電車線／レール
第三軌条式（サードレール式）	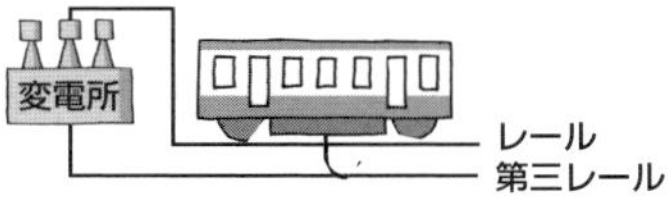 変電所／レール／第三レール
剛体複線式	 変電所／レール／正・負電車線

図表1-5　電車線路のシステム

03 電車線路方式の移り変わり

電車線方式（架線）は形状、電線の張力、電線の配列等から区分されています。電車線方式は大別して直接ちょう架方式、シンプルカテナリ方式、コンパウンドカテナリ方式、剛体ちょう架方式の4つです。

≫代表的な電車線方式の移り変わり

国鉄の電車線方式のはじまりは、1906年、国有鉄道法の実施により甲武鉄道（中央線御茶ノ水・中野間）から国鉄に引継がれた電車線が、架空複線式だったことからです。

代表的なシンプルカテナリ方式は、国鉄においては1912年、信越本線横川駅、軽井沢駅構内に設備されたのがはじまりです。

その後の電車線方式は、ドイツ式のコンパウンドカテナリ（東京・品川間）やアメリカ式のシンプルカテナリ方式（品川・横浜間）が採用されました。

関東大震災後の東海道線電化においては、高速化を考慮してコンパウンドカテナリ方式が採用され、1928年に東京・熱海間が電化開業されました。戦後になり幹線電化が推進された中で、工事費節減、高速化、輸送力増強に対応するために、いろんな電車線方式が研究開発されてきました。

代表的なものとして、経済性の観点からちょう架線を省略した直接ちょう架方式が地方線区（和歌山線や弥彦線等）で実用化されています。

狭小トンネル内においては、き電線とちょう架線をいっしょにしたき電ちょう架方式の開発が工事費節減に寄与しました。この方式は、現在ではトンネル区間以外にも、作業の安全性や保守作業の省力化の目的からインテグレート電車線として、在来線に適用が拡大されています。

ツインシンプルカテナリ方式は、シンプルカテナリ方式を2列並行に並べたもので、高速化・輸送力増強に対応するため大容量化、トロリ線の摩耗軽減を目的としたものです。しかし、2本のトロリ線を同じ高さ

方式別	構造図	速度性能	集電容量
直接ちょう架式	 逆Y線	低中速用	小容量用
剛体ちょう架式	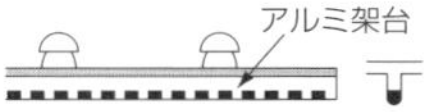 アルミ架台	高速用	大容量用
シンプルカテナリ式	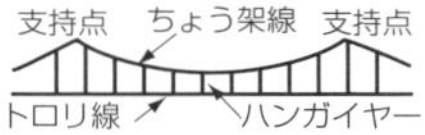 支持点 ちょう架線 支持点 トロリ線 ハンガイヤー	中速用	中容量用
変形Y形シンプルカテナリ式	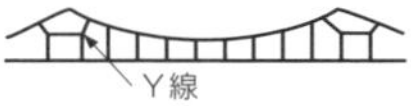 Y線	高速用	〃
合成シンプルカテナリ式	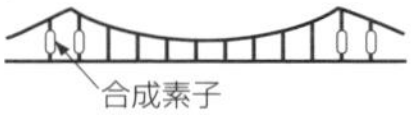 合成素子	〃	〃
ヘビーシンプルカテナリ式		〃	〃
き電ちょう架式	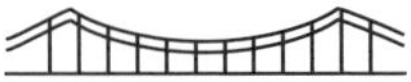	中速用	大容量用
ツインシンプルカテナリ式		中高速用	〃
コンパウンドカテナリ式	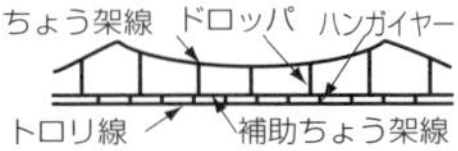 ちょう架線 ドロッパ ハンガイヤー トロリ線 補助ちょう架線	高速用	〃
合成コンパウンドカテナリ式	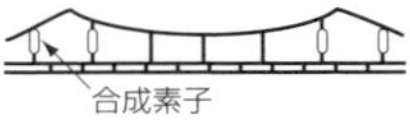 合成素子	超高速用	〃
ヘビーコンパウンドカテナリ式	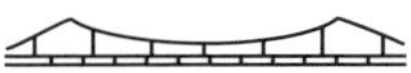	〃	〃
高速用シンプルカテナリ式	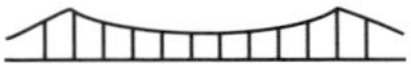	〃	〃

図表1-6　電車線方式の事例（電気工学ハンドブック）

に保持する、トロリ線摩耗が一様でない、構造が複雑になるため保全面でこれを維持・運用していくことには相当の技量を必要とされるため、段々とインテグレート電車線に移行しています。

　ヘビーコンパウンドカテナリ方式は、山陽新幹線新大阪・岡山間で設備され、東海道新幹線の合成コンパウンドカテナリ方式の実績を踏まえて、集電性能（機械的、電気的、摩耗等の性能）や保全性の向上（メンテナンスフリー化）を図った方式として開発されています。この方式は全国新幹線の標準的な方式となり、山陽新幹線新大阪・博多、東北・上越新幹線にも取り入れられています。

　また、長野新幹線では、設備の簡素化等を目的とした高速用シンプルカテナリ方式が設備されています。

　このように電車線方式は社会的な要請や時代背景を考慮しながら先人の理論、試験設備での試験、フィールド試験、保全、事故等の経験の積み重ねで現在の安定した電車線方式になっています。よく、電車線路は経験工学だといわれる所以です（図表1-6）。

04 どうして直流と交流があるのか

日本の電気鉄道の方式は、直流方式と交流方式があります。

≫直流方式

日本の電気運転は、1890年に第3回内国勧業博覧会会場（上野公園）で電車を公開したのが最初で、その時の電圧は直流500Vでした。その後の直流方式は、1895年に京都市において500Vで営業開始、1906年にお茶ノ水・中野間は600Vで電化されています。1914年頃から輸送量の増加に対応するため、京浜線品川・横浜間等で1200Vに昇圧されています。1925年頃からは輸送力の増加や高速運転を行うために、京浜線東京・桜木町間等が1500Vに昇圧され、日本の直流の標準的な電気方式になりました。これらはその時代の輸送量の増加や高速運転に対応した方式です。

図表1-7のように直流1500V方式は、両変電所と並列に結んで電気を供給します。この場合には、他区間での事故や電車線作業のことを考えて変電所ごとに電車線を電気区分（エアセクション）で分離した構成にしています。

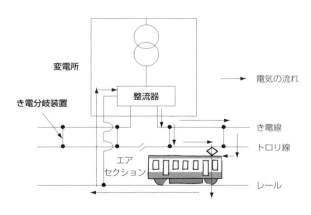

図表1-7　直流方式

≫交流方式

戦後に入ってからは輸送量の増加と高速化のため、直流1500V方式では限界が予想されました。1953年頃から、当時フランス国鉄が試験を進め良好な結果を収めた商用周波数の交流電化の研究が日本でも進められ、1957年に仙山線仙台・作並間（図表1-8、図表1-9）、北陸線田村・敦賀間で商用周波数20kVのBT（吸上変圧器）き電方式で営業開始、1964年東京・新大阪間の東海道新幹線において25kV、210km/hの高速化営業が開始されています。

一方在来線のBT区間の一部において、電車線の電気区分（セクション）箇所でアークによる電車線の素線切れの事故が発生したことから、これを契機に大電流回路において、難点になることが認識されるようになりました。

そこで、この難点をカバーし、変電所間隔が拡大できる、商用周波数20kVのAT（単巻変圧器）き電方式が開発され、1969年鹿児島本線の一部が20kV、1972年には山陽新幹線新大阪・岡山間が25kVで電化され、ATき電方式が交流電化の標準的な電気方式になっています。

BT方式の電気の流れを図表1-9に示します。レールに流れる電気車電流は、BTの吸い上げ作用により強制的に負き電線に吸い上げられるため、局部的なものとなり、近傍の通信線への誘導障害（雑音など）が少

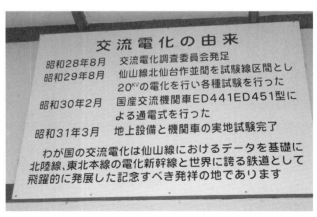

図表1-8　仙山線交流電化の由来（作並駅）

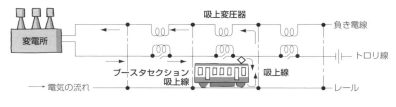

図表1-9　交流BT方式

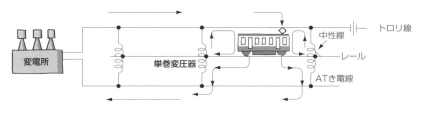

図表1-10　交流AT方式（在来線）

なくなります。ATき電方式の電気の流れを図表1-10に示します。電気の流れは複雑ですが、トロリ線とき電線に電気車電流が分担して流れ、レールには局部的に流れるため、近傍の通信に対する誘導障害が少なくなります。直流方式は、交流方式に比較して、トンネルやこ線橋の新設時には高さが低くでき、ATやBTが不要になるメリットもありますが、変電所間隔が短いため地上設備費が高く、電流が大きいため電線が太くなるなどのデメリットもあります。

05 電車線路の標準電圧

電圧変動の激しい電気鉄道では、電車線とレール間の電圧を標準電圧といい、電気鉄道の基本要素のひとつです。

標準電圧が低下すると、電気車の速度特性が低下したり、電気車の補助的な電源装置や電動発電機等の補機が機能を失ったりして、運転不能に陥ります。逆に標準電圧が高くなると、電気車の絶縁破壊や機器のアークによる短絡の原因になり、車両保守の面から好ましくはありません。そのため、標準電圧、最高電圧や最低電圧はおのおの鉄道に関する省令の解釈基準に例示されています。

≫ 標準電圧の歴史

直流方式の標準電圧については、明治時代から500、550、600、750、1200、1500Vと多様な電圧により発展してきた経緯があります。戦後電化の進展とともに輸送力増強、高速化等から昇圧が行われ、直流の標準電圧は次第に600、750、1500Vの3種類に集約されるようになりました（図表1-11）。一方交流の標準電圧については、20kVとなっています。これは、日本では20kVが一般の電力会社において標準とされていること、

図表1-11　直流区間の例

図表1-12　交流BT区間の例

図表1-13　交流AT区間の例

鉄道のレールが狭軌であること、トンネル等の支障物が多いこと等から、海外で採用されている25kVの採用には、問題があると考えられたためです（図表1-12、図表1-13）。

　また、新幹線の標準電圧は商用周波数50Hz（ヘルツ）又は60Hz単相交流25kVです。交流電圧の周波数は、富士川より東側では50Hz、西側では60Hzとなっています（図表1-14）。

図表1-14　新幹線の例

≫日本の主な標準電圧

　架空単線式では、直流600、750、1500V、交流20、25kV、架空複線式や、第三軌条式（サードレール式）では、直流600、750V、剛体複線式では、直流600、750、交流（三相）600Vで設備されています。

06 電車線路設備と建築限界・車両限界

≫建築限界

省令などでは「建築限界内には、建物その他の建造物等を設けてはならない」とされています。また、線路接近作業のルールでは「建築外であっても、建築限界内に崩れる恐れのある物を置いてはならない」としています。後者は工事途中で仮置きした物が崩れて限界内を侵す事を防止するためのものです。

建築限界の基本は、車両の運転に支障の無いように軌道上に空間を確保するための限界で、電車線路の設備については次のような定めがあります。

(1) 基礎限界（集電装置等を除いた一般の場合に対する限界）
(2) 架空電車線から直流の電気の供給を受けて運転する線路における架空電車線並びにその懸ちょう装置及び絶縁補強材以外のものに対する限界
(3) 架空電車線から交流の電気の供給を受けて運転する線路における架空電車線並びにその懸ちょう装置及び絶縁補強材以外のものに対する限界

これらの主旨は、車両の運行を安全に行うため、指定された範囲内に「車両に支障する設備を作らない」という原則を定めたものです。

①電柱等に対する建築限界

電柱の建築限界は線路からの直角方向の離れであり、通常建植ゲージと呼んでいます。

電車線路の電柱等は、(1)の基礎限界が普通鉄道の場合は1900mmとなっていますが、軌道構造や保守車両及び保守用通路等を考慮し、できる限り2700mm以上の離隔を確保するようにしています。また、曲線箇所ではカントによる拡大寸法があり、建植ゲージの値を大きく取っています。

②電車線設備に対する建築限界

建築限界図の上部にある電車線設備に対する限界は、上部限界又はパ

ンタグラフ限界などと呼ばれ、電車線設備に対して（2）又は（3）による定めがあります。

③特殊箇所の緩和条件
　トンネル内、橋りょう、こ線橋、雪覆い、プラットホームとその前後について、標準値が確保できないような「やむを得ない場合」に対しては緩和条件が定められています。

≫車両限界
　建築限界が設備に対して限界内に入ることを制限しているのに対して、車両限界は、車両の製作について超えてはならない限界を定めています。
　電車線路の設備においてはあまり関係ないように思われがちですが、建築限界図の下部の限界で関係する場合があるので検討が必要です。
　例えば、電柱の建植ゲージが十分に確保できない箇所で、しかも基礎部をコンクリートで根巻きしなければ強度が得られないような場合、下部の限界との競合が生じますので、注意が必要となります。

≫作業の途上でも守らなければならない限界
　電車線路の作業は、いろいろな工具や材料を持ち込みますが、それらを仮置きする時には「線路接近作業のルール」によって下部限界を侵さないよう十分注意する必要があります。図表1-15は、一般的な建築限界と車両限界の例を示した参考図です。

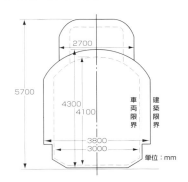

図表1-15　建築限界と車両限界（JR）

07 電車線路と法令など

　鉄道のルールには、設備ごとにいろんなルールがありますが、特に、電車線路設備に関するルールについては、鉄道の基本的事項を定めた省令「鉄道に関する技術上の基準を定める省令」（国交省）によっています。この省令は2001年に抜本改正が行われ、電気設備技術基準（経産省）による省令と同様に「性能規定化」が義務付けられています。従来は、仕様規定又は構造規定ともいわれ、設備の材質や寸法まできめ細かく規制が行われていましたが、性能規定化により目的や性能を満足すればよいことになりました。このことにより国際化、新技術導入が容易、技術の自由度が拡大される反面、事業者の自主性を確保しながらも自己責任が増したといわれています。

　また、この省令の基準を満足する具体的な解釈基準（強制力がない）があり、これらを参考にしながら、各社ごとの独自の自主的な基準である実施基準を作成し、設備を維持・運用しています。在来線の代表的な解釈基準の事例は以下のとおりです。

≫省令の解釈基準の主な事例
①電車線の高さ
　図表1-16は、電車線は人に対する感電を防止することや他の交通の支障を防止する方法として高さを規定したものです。一般箇所は標準5mです。

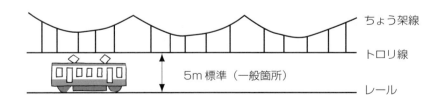

図表1-16　電車線高さ

②電車線の偏位

レール中心から電車線の離れは、0.25m以下とされています。これは、パンタグラフが電車線に接触して電気をとるとき、パンタグラフが電車線から離れないことと、パンタグラフの片減りをなくすためのものです。

③き電線の高さ

き電線の高さは、一般的に5m以上とされています。これは、人や造営物等に対する危険や交通上の障害防止を目的にしたものです。

④支持物

支持物は木柱、コンクリート柱、金属柱（鉄柱、アルミニウム柱等）、金属塔が使用できます。

⑤その他

電車線の勾配、離隔距離、標準電圧等、電車線路設備の基本的な事項の一例が示されています。

≫電車線路に関する他の法令との関係（主なる事例）

①電気事業法等との関係

電気事業法に関する省令との関係については、鉄道の占用敷地内について、法の二重規制を避ける意味からこの省令の適用は受けないことになっていますが、以下の事項は適用の対象になります。①接地工事、②

図表1-17　踏切箇所の防備設備

支持物の強度計算に用いる風圧荷重、③支線の安全率、④機械器具の鉄台及び外箱の接地等の共通事項は規制されます。また、鉄道施設以外の一般設備に関係する①電食障害、②地球磁気観測障害、③電波障害、④通信誘導障害の防止等については規制を受けることになります。

②労働安全衛生法等との関係

労働安全衛生法等の規制は対象になります。

③道路法等との関係

道路法等の適用を受ける道路では、踏切箇所の防護設備（固定ビーム、スパン線下端の地上高さ）は、規制の対象になります（図表1-17）。

コラム② 鉄道安全とは

鉄道技術基準に盛り込まれている安全の確保に関する内容にはどんなものが含まれているのでしょう。

原則は、「すべての人や物に及ぼしうる危険性を最小とすること」です。

安全の確保の対象は、人と物に関することです。

人に関するものとしては、乗客に関しては、衝突・脱線・列車火災の防止、乗降時の安全、客室内の安全などです。

乗客以外の旅客については、駅構内などでの安全です。

一般公衆に対しては、踏切道での安全や線路などへの侵入防止です。

駅係員については、業務中の安全です。

共通事項としては、電気による感電事故防止などです。

また、物については、鉄道施設（土木、軌道、電気など）であり、人については、障害防止（正常な運行や活動を妨げない）です。

第三者の財産については、同様に障害防止です。

これらの安全項目が実施され、鉄道の安全・安定輸送が確保されています。

08 電車線路の材料

電車線路は、き電線、電車線、支持物、機器、保護設備において多種多様な材料が使用されています。これらの材料は、電気車の負荷の増大、列車速度の向上、設備事故の教訓、材料の開発等に伴い進歩し、目ざましく発展してきました。

電車線路材料の分類を、概ね材質によって分類すると、図表1-18のようになります。

≫電車線路材料に要求される機能

電車線路材料はそれぞれ設備により要求される機能・特性があり、それらが満足されることで、安全な列車運転が可能になります。共通的な

区　分	材料名	主な具体例
金属材料	鉄鋼	鋼管ビーム（鋼管）、Vトラスビーム（形鋼）、かごビーム（形鋼）、鉄柱（形鋼）、H鋼柱（H鋼）、ちょう架線・支線（鋼）、可動ブラケット（鋼管）ハンガ（ステンレス）、ボルト・ナット（ステンレス）等
	非鉄金属	き電線（銅、アルミニウム）、き電分岐線（銅）、補助ちょう架線（銅）、トロリ線（銅、銅合金）、曲線引金具・振止金具（アルミ青銅）等
有機質材料	木材	電柱基礎枠（木）、木柱、仮設腕金（木）等
	高分子	ポリマーがいし（き電線、電車線支持）、合成樹脂管（接地装置）等
無機質材料	磁器	がいし（き電線、電車線支持）等
	セメント・生コンクリート	電柱基礎（コンクリート柱、鉄柱）、支線基礎等

図表1-18　電車線路材料の主要な分類

機能としては、作業性が良いこと、機械的強さがあること、長寿命であること、経済的であること等です。また、個別の材料特性に要求される主な事項を以下に示します。

き電線は電気車の容量に応じた電気容量、電圧降下が少ない、良好な導電性、耐食性があることです。

トロリ線は直接パンタグラフと接触して電気を伝えるため、最も重要な設備で電気容量、耐熱性、耐摩耗性、耐腐食性、耐振動性が要求されます。その他パンタグラフ周辺のトロリ線に付属した振止装置・曲線引装置・ハンガ・わたり線装置・区分装置（エアセクション、エアジョイント）も同様な機能が要求されます。

支持物はき電線や電車線を支持し、長期間の使用に耐えなければならないことから、機械的強度、長寿命化、簡素化が重要項目です。

機器（単巻変圧器、吸上変圧器、開閉器等）は、長寿命や電気車容量に応じた機能が要求されます。

≫電車線路材料に関係する法令・規格等

電車線路材料の性能等に関する主要な法令・規格等は、鉄道営業法、電気事業法、日本工業規格（JIS）等です。

具体的な事例としては、
・き電線は、硬銅より線・硬アルミより線、電線・ケーブル等（JIS C）
・電車線は電車線金具、トロリ線、電車線路用がいし等（JIS E）
・支持物の鋼材等（JIS G）
・支持物のコンクリート柱（JIS A）等があります。

09 電車線路がいし

がいしは電線等、導体をその支持物から絶縁するために用いる電気を通さない物体のことで「がいし」、「碍子」、「ガイシ」の呼び名で使用されますが、JIS（日本工業規格）では、「がいし」で統一されています。がいしは磁器製が一般的ですが、近年は高分子材料のポリマーも使用されています。

電車線路用がいしは、懸垂がいしや長幹がいしが主に使用されます（図表1-19）。

図表1-19　電車線路用がいし

図表1-20　引留がいし

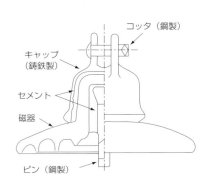
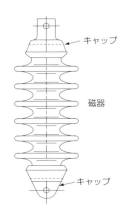

図表1-21　懸垂がいし　　　　　図表1-22　長幹がいし

　懸垂がいしは主としてき電線や電車線の支持、引留、電気絶縁に用いられ、また、振止装置・曲線引装置にも使用されています（図表1-20）。
　長幹がいしは主として可動ブラケットに用いられ、支持物との絶縁として使用されています。

①**懸垂がいし**
　懸垂がいしは図表1-21のように、キャップ、磁器製絶縁物、ピン、連結のためのコッタで構成され、セメントで接合した構造になっています。使用される電圧（直流1500V、交流20kV等）や汚損の環境に応じた種別、必要個数を連結して使用します。

②**長幹がいし**
　長幹がいしは図表1-22のように、棒状の磁器製絶縁物の両端にキャップを接合した構造になっています。使用電圧、環境、目的に応じた形状のものが使用されています。長幹がいしは曲げ強度が小さいため、大きな曲げ荷重が作用する箇所には使用しないことにしています。また、連結して使用される懸垂がいしとは異なり、単独で使用します。

③**がいしの汚損**
　がいしは塩分・ばい煙・ちり・ほこり・化学合成物等に汚損され、雨や霧によって湿りを受けると、がいしのピンとキャップ間の絶縁が低下

図表1-23　ポリマーがいし

します。このため漏えい電流が流れ、がいしが破壊するおそれがあります。この防止対策としては、がいしの連結個数を増やすこと、がいしの洗浄、シリコンコンパウンドの撥水性物質の塗布等があります。

④ **がいしの腐食**

懸垂がいしの腐食はピンの部分が要注意です。磁器は腐食することはなく、キャップは大きくボリュームがあるため影響は小さいですが、ピンは細い部分で全荷重を負担するため、腐食で直径が細くなるとがいしの性能に直接影響します。

対策として、ピンを保護するためにピンの周囲に亜鉛を巻き付けた亜鉛付がいしが直流区間の汚損箇所に使用されています。

⑤ **ポリマーがいし**

このがいしはポリマーがいし、複合がいし、ノンセラミックがいしと呼ばれています。芯材にガラス繊維強化プラスチック（FRP）、外被材にシリコーンゴム等の高分子材料を使用したがいしで、磁器製がいしに比べ軽量、衝撃に強く、耐汚損性能が優れている等の特徴があります。用途はき電線や電車線のがいしとして使用されています（図表1-23）。

10 電車線の電圧が下がったら電車は停まるのか

　電車線の電圧は、電気車が運行する列車容量やダイヤ密度等の負荷の状況によって変動します。定められた運転時間を守るためには、一定の電圧を保つ必要がありますが、き電回路の合成抵抗や電気車の負荷電流により電圧降下が発生します。

≫電車線標準電圧と最低電圧

　わが国の標準電圧は直流の1500V、交流の20kV、新幹線の25kVなどがあります。電車線の電圧は、き電回路の抵抗や負荷電流による電圧降下がありますので、変電所からの送り出し電圧は若干高く設定してあります。

　電圧があまり低くなると、電気車モータの速度特性が低下するだけでなく、制御電源や空調機などの電源電圧の低下などで、ダイヤ通りの運転が保てなくなります。このため電車線電圧は、一定の値以下にならないように定めています。この変動した時の最低電圧は、一例として直流では1000V、交流では16kV、新幹線では22.5kVとされています。

　電気車のモータは、回転速度が電圧の降下に比例して低下する特性がありますので、電源電圧が低下するとモータの出力が低下することになります。また、制御電源や補助機等は電源変動に対する幅が小さいため、限度を超えると急激な電圧の低下により電気車の運転ができなくなることもありますので、電圧の最低限度を定めているのです。

≫電圧降下の要因

①予めわかっている電圧降下の要因

　直流方式では、変電所の変圧器等機器類の内部抵抗、き電線やトロリ線の電線自体の導体抵抗及び帰線レールの抵抗等が電圧降下の要因となりますし、交流方式では、上記の抵抗だけではなくリアクタンスも大きな要因になります。

しかし、これらの要因は当初からわかっている事柄ですから、電気運転計画の検討段階で、電気車負荷電流を含めた条件が変電所設置間隔などに織り込み済みで、厳密には電圧降下の要因とはいえません。

運転台には図表1-24のような計器が設備され、架線電圧及び制御電圧が常に把握できる仕組みになっています。

②異常時の電圧降下

何らかのトラブルの原因により列車ダイヤが乱れ、一つのき電系統区間内に多くの電気車が入って、いわゆるダンゴ状態（道路交通では渋滞）になった場合には正常な列車運行時よりも大きな負荷電流が流れるため、電気車の運行に支障をきたすような電圧降下が発生することがあります。

直流方式では電車線電圧が900Vより低くなると、電気車の低電圧リレーが働いて電気車が動けなくなります。このような場合には、時間をかけて運転整理をして負荷電流を調整するしかありません。現在では車両の機器機能を維持できる電圧変動範囲が拡大し、900Vでも支障しないものもあります。

≫電圧降下防止の対策

運転計画の段階では、電気車の負荷変動、変電所機器の容量、電車線路の合成抵抗等から電圧降下が限度を超えないようにしています。しかし、白紙ダイヤ改正などにより負荷が大幅に増加する時は、変電所の主器増強やき電線の増強などの対策が必要になります。

図表1-24　電車運転台の例

11 電車線とパンタグラフの相互関係

　電車線はパンタグラフに電気を渡し、パンタグラフは電車線から電車が走るためのエネルギーを受けとります。この高速で走行するパンタグラフとトロリ線（電車線と同じ意味に使われる）の関係は、発電機やモータの整流子とブラッシの関係と似ていて、接触により電気を受け渡しします。一方、パンタグラフが高速で移動しながら電気を受けることから集電といいます。

　類似技術ですが両者の決定的な違いは、発電機やモータの整流子とブラッシが互いに固定された設備であるのに比べ、トロリ線とパンタグラフは互いに動揺し、移動する設備であるということです。

　集電には大電流集電（図表1-25）と高速集電（図表1-26）がありますが、気温や風などの自然現象を直接受けて振動している電車線と、レールの上を揺れながら高速で走る電気車の間で行われるため、多くの課題があり、電流の大きさや走行速度に応じて様々な工夫がされてきました。

≫電車線の性能要件

　電車線はギターの弦のように一種のばねであり、パンタグラフはばねの力で電車線を押し上げています。専門的な言葉では「集電は異なるばね系の接点間の現象である」といわれています。したがって各点で「互

図表1-25　大電流集電（通勤電車）

図表1-26　高速集電（新幹線電車）

図表1-27　菱形パンタグラフ

図表1-28　シングルアーム形パンタグラフ

いにできるだけ同じ状態であること」が良好な集電の要件とされています。

　パンタグラフの押上げ力（パンタグラフのばねの力）を一定に保つことは比較的容易に実現できますが、カテナリ電車線（ちょう架線・トロリ線等で構成した電車線）の場合、支持点と径間中央で押し上がり方にかなり差があるため、多くの課題が発生します。常に平らであることを実現し、押上がる量の変化が少ない電車線を実現するため次のような工夫がされています。

①**電車線の高さはいつも平らに＝等高性**
- トロリ線だけでは弛みが大きいため、ちょう架線や補助ちょう架線を設備してカテナリ構造とすることで水平性を保つ。
- 高さの変化をできるだけ少なくするため、支持点間の距離と高低差から算出する勾配を、高速で運転する区間は3/1000（新幹線は1/1000）程度に保つ。

②**電車線の押上り量はどこも同じに＝等撓性**
- カテナリ構造で押上り量の差を少なくするため、前記のちょう架線等を設備するほか、支持点付近にばね付ハンガ（合成カテナリ架線）やY線（変形Y形カテナリ架線）を設備する。
- 電車線の総張力を大きくすることで、支持点と支持点中央の押上り量の差をできるだけ少なくする。

③**電車線の張力はいつも一定に＝等張性**
- 電車線は温度変化で伸縮することから、大幅に張力が変化し、それに応じて弛度も変化するため集電性能が低下する。したがって張力を常に一定に保つ装置のバランサ（自動張力調整装置）は高速架線の必須条件になります。図表1-27、図表1-28はよく使われているパンタグラフの例です。

12 トロリ線とすり板の協調

　すり板はパンタグラフの一部でトロリ線と直接接触し、電気を受ける合金製の部品の名称であり、舟体にビス止めされています（図表1-29、図表1-30）。

　トロリ線とすり板の接触面は、一箇所当たりわずか数平方センチメートルというもので、停車中以外は常にその接触面は急激に変わっています。

　またパンタグラフの押上げ力は通常49〜69N（5〜7kgf）位の値に設定されていて、トロリ線とすり板の間に働く力は接触力と呼ばれています。

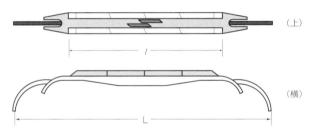

図表1-29　パンタグラフの舟体

図表1-30　パンタグラフのすり板

接触力がいつでも・どこでも一定値であることが集電の理想とされています。しかし、電車線は張力の変動や同じ径間内でも位置により押し上がり方が変わり、パンタグラフも速度が変わると動的な押上げ力に変わるため、接触力は常に変化しているのが実態です。

　高速で走行中に両者の接触力がゼロ、またはこれに近い状態になることはよくあることですが、接触力がゼロになりパンタグラフがトロリ線から離れてしまう現象を離線といい、アークの発生など集電に関するいろいろな障害の原因になっています。

》離線率と摩耗率

　離線の評価指標として離線率（一般的には時間で表す百分率）がありますが、その値は測定方法と算定方法により定義されます。通常は走行中に測定した検測車データから算定されます。

　次に、集電に関する基本的で大事な事柄として、トロリ線とすり板の「摩耗問題」があります。前述の離線やアーク発生のような外的要因とは別に、それぞれの材質・その組み合わせにより、摩耗量は大きく変わることが試行や経験からわかってきました。

　摩耗の評価方法として特殊現象は除き、通常次のような指標があります。
- トロリ線は通過パンタグラフの数に対する摩耗径の値
- すり板は走行距離に対する摩耗厚さの値

　最近は地上と車上設備の関係者が、互いにトータルコストを最小とするため施策の「すり合わせ」を行ない大きな成果を出しています。

　離線が少なく摩耗の少ない集電系を確立するため、いろいろな工夫がなされていますが、「集電系の諸問題と工夫」に次のようなものがあります。

①離線を少なく
- 高い架設張力や、予め径間中央部に適切な弛度を付けるプレサグ架線などで、より集電性能の高い架線を採用する。
- 軽量化や風に対する工夫で、より追随性の良いパンタグラフを採用す

る。

②アークを少なく
- 架線金具の改良などで硬点（局部的に架線が柔軟性を欠く個所）を少なくする。
- 母線で電気車の集電回路を並列化し、アークの発生を軽減する。

③摩耗を少なく
- 摩耗に強いトロリ線（スズ合金・異形断面等）を採用する。
- 摩耗に強いすり板（カーボン・銅合金・鉄合金等）を採用する。
- トロリ線にジグザグ偏位を付けて、すり板の局部的な摩耗を防止する。

④高速化に向けて
- 架線の波動伝播速度を大きくし、高速対応架線を開発する。
- 高速走行時の風に対する性能を向上し、高速対応パンタグラフを開発する。

⑤特殊な問題
- 電気車の高圧母線接続で離線アークを少なくし、電波障害を抑制する。
- 運転規制やすり板の強化等で、冬期のトロリ線着氷による運転支障を少なくする。

13 電車線路の設計は何をするのか

近年は既設路線を電化することはほとんどなくなり、主として時代のニーズに基づいて建設される新幹線や都市圏の通勤・通学に供するための新線等の建設、「開かずの踏切」解消のための大きな改良や高架化、相互乗入れのための駅改良等が電車線路の工事です。

これらの設計は、内容が複雑なため綿密な検討が必要です。

≫新線建設や高架化等の設計

新線建設や高架化のような場合では、電車線路設備の支持物は土木構造物に設置することになります。そのため、土木構造物を施工する前の計画段階で、電柱の種別、建植位置、基礎の形態とその委託手続き、ビームの構造・き電線や電車線の構造等の技術的な内容を事前に検討するので、設計段階の作業は少なくなります。一般的な作業の流れは次のようになります。

≫改良工事の設計

改良工事にはいくつかの種類がありますが、その内容を分類して見ると
・大駅の駅設備を新しくするような、自社の経営ニーズに基づく改良工事
・電柱やビーム上にあった専用き電線とちょう架線を共用化するインテグレート化工事のような、システム改善工事
・鉄道と交差している国道・県道等を広げるために、国や県から委託を受けて道路の前後にある電車線路設備を大幅に改良する工事
などがあります。

改良工事は、電柱の建植位置やゲージ(線路からの離れ)、き電線と他

設備との絶縁離隔の確保、最適な電車線設備の検討等が大切です。

そのために必要となる重要なチェックポイントを挙げてみます。

①現場調査測量

線路の曲線・勾配の状況、現在設備の状況、周辺の民間施設の状況、道路・水路・フェンス等の状況、上部を横断する道路・電線類、線路サイドのケーブル、側溝及び地形等々、設計に関わる内容の確認を行います。

②改良目的とニーズの確認

改良の目的にしっかりと対応するために、ニーズに合った「き電線の線種や配置」、「電車線の構造」、これらに伴う支持物の選定や強度検討を行います。

③工事施工方法の検討

線路付近の作業は、狭く限られた作業場所という制約があり、全ての工事について機械を使って施工することはできませんが、安全で効率的に機械を使うことを前提にし、機械類の搬入経路や設置条件等の把握を事前に行います。

また、電車線路の工事は安全確保のため、線路閉鎖及びき電停止で行うことが基本であり、主に夜間の列車が運行していない短い時間帯を狙って実施するため、綿密な施工手順の検討や準備が必要です。

④委託を受けて行う改良工事

受託する改良工事は、構造物の構造や施工の順序等について、委託先

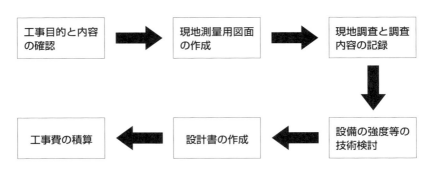

図表1-31　改良工事の設計手順

の関係者との綿密な内容確認等の連携が大切です。
⑤工事費の積算
　工事費は、各項目の必要な経費を積み上げにより算出しますが、経済的で性能的にも、発注者と受注者が納得できる内容とする必要があります。したがって、工事費の積算においても、設計者の経験と技術力が求められます。
　図表1-31は、改良工事の一般的な作業の流れです。

> ### コラム③　「ありがとう」と皮肉を言われて学んだ設計
>
> 　設計書類ができ上がる頃、現場管理を担当する職員に工事の内容を説明する機会を設けました。1972（昭47）年頃の貴重な経験でした。
> 　設計当該場所は大規模の駅構内で、設備は非常に輻輳していました。
> 　具体的には、新幹線建設のために在来設備の大幅改修に伴い変電所を移設する工事が発生しました。この変電所移設に伴って、新旧変電所の系統分離のため、引出しき電線の切替えが重要なポイントとなりました。
> 　6つの運行路線がそれぞれ複線のため、変電所のき電線設備の系統は24区分となります。新旧変電所でのき電系統切替え工事は、すべて終電から初電までの限られた時間内で行う難しい工事です。このような厳しい条件での切替え工事は、できるだけ単純な作業であることが求められ、その準備が必要です。その準備はき電線に限ると2通りあります。
> 　①新しいき電線を必要地点まで新設し、系統区分する装置をあらかじめ作り込んでおいて、切替え当日はできるだけ簡単な作業で済ませる方法。
> 　②経費節減を考慮して既存設備を有効に活用する方法。
> 　しかし、これは切替え工事が複雑になり、高度な技術が求められます。
> 　筆者が選択した設計の考え方は②でした。この工法は理論的にも技術的にも可能でしたが、大駅構内の複雑な設備で短時間でしか作業のできない条件では、過酷な工法であることに気付かされました。
> 　浅い経験で、理論と経費節減のみを優先し、さらに工事が複雑になることによる事故防止等への配慮に欠ける設計について、豊富な工事経験を持つ大先輩の「ありがとう」という辛辣な皮肉で指摘され、その後の設計に対する考え方を見直す大切な経験をしました。

14 モノレールの電車線

　一般に電車線とは、電車や電気機関車に電気を供給する電線として定義されています。架線方式を電気鉄道の形態と対比してみると、おおよそ次のような組み合わせになります。

　最も多い一般的な普通鉄道と、比較的少ない特殊鉄道に分類してみました。図表1-32～図表1-38は、架線方式別の設備例です。

普通鉄道
①車両はレールの上を走る……カテナリ方式：一般的鉄道
　　　　　　　　　　　　　　架空剛体方式：地下鉄等
　　　　　　　　　　　　　　サードレール方式：地下鉄等

図表1-32　カテリナ方式

図表1-33　架空剛体方式

図表1-34　サードレール方式

特殊鉄道
②車両は走行桁の上を走る……剛体複線方式：跨座式モノレール
③車両は走行桁の下を走る……剛体複線方式：懸垂式モノレール
④車両は案内溝の中を走る……剛体3線方式：新交通システム

　モノレールは走行レールが1本の特殊鉄道の名称で、その形状から跨座式と懸垂式があり市街地の空間を有効に活用していることが大きな特徴です。
①跨座式モノレールの設備例：東京モノレール・多摩モノレール等
②懸垂式モノレールの設備例：湘南モノレール・千葉モノレール等

》集電方法から見ると
①パンタグラフで集電
　・カテナリ方式の電車線：最も設備例が多く他に直接吊架式等

図表1-35　剛体複線方式（跨座式モノレール）

図表1-36　剛体複線方式（懸垂式モノレール）

図表1-37　剛体3線方式（新交通システム）

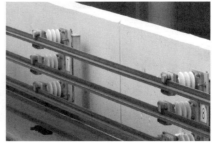

図表1-38　L形導体の三相電車線

・架空剛体方式の電車線：T形アルミ導体とトロリ線で構成
　　　　　　　　　　　導電鋼レール（架空電車線用の鉄製レール）
　　　　　　　　　　　で構成等

②集電靴で集電
・サードレール方式の電車線：第三軌条と呼ばれる鉄レールの導体
・剛体複線方式の電車線：銅のL形導体を使った、き電線と帰線
・剛体3線方式の電車線：銅のL形導体を使った交流三相の電車線

※集電靴はコレクタシューとも呼ばれ剛体電車線方式の集電装置です。

コラム④　強度があるのに撓む（たわむ）

　1955（昭30）年頃「京浜山手分離工事」が施工されました。現地は京浜東北・山手線が共用する線路と、東海道線又は東北線の線路とが並行する区間で、複雑な線路配置になっているため、電柱建植可能な線間が少ないことから、線路を2～6線誇ぐビームがランダムに設置されています。当時としてはスマートな構造をという方針からか、スリムな篭形ビームが採用されました。

　その後の荷重の増加などにより線路を5～6線誇ぐビームで、**撓み**が目に付くような箇所がありますが、強度上には問題の無い設備です。

　しかし、最近の改良工事で鋼管平面ビームに取り替える事で、この**撓み**問題は解決されつつあります。図表Aは既設の篭形ビーム、図表Bは新設された鋼管平面ビームの例です。

図表A　既設の篭形ビーム

図表B　新設の鋼管平面ビーム

15　地下鉄の電車線

　わが国の地下鉄は、1927年に開業した浅草・上野間が最初のもので、その電車線は直流600ボルトの第三軌条方式でした。なお、構造に少し異なる点がありますが、そのルーツは1912年に碓氷峠のアプト式鉄道に設備されたものです。大規模な都市型地下鉄として、1958年に営業開始した丸の内線、比較的新しい横浜地下鉄1号線等でこの方式を採用しています。

　その後、大都市近郊で放射状に延びる郊外電鉄相互を地下鉄で結ぶことで、利用者の利便と鉄道輸送の効率化が大きく向上するため、相互乗入れのニーズが高まってきました。しかし、地下鉄が既存の郊外電鉄相互を結ぶ場合には、電車線電圧の統一及び集電方式の統一が必要条件となります。そのため、この条件とトンネルの内空断面の制約を満足するために検討された、架空式の剛体電車線と、合成電車線などが採用され、相互乗入れを可能にしています。

≫最近の地下鉄と電車線

　サードレール方式と呼ばれる設備は、最初に建設された地下鉄に採用され、その後丸の内線や横浜1号線などに採用されています（図表1-39）。

図表1-39　サードレール方式

図表1-40　T形アルミ導体電車線

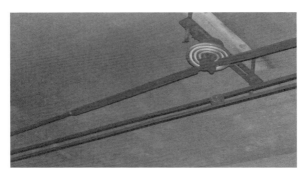

図表1-41　最近の合成電車線

　T形アルミ導体電車線は、郊外電車と地下鉄が相互乗入れするため採用された最初の電車線構造で、東京メトロ線などに設備されています（図表1-40）。

　合成電車線は、架空剛体電車線を使わずに地下鉄の相互乗り入れを可能にする目的から開発されました（図表1-41）。

　類似した設備に、き電ちょう架方式があります。

≫特殊な地下鉄と電車線

　地下鉄の分野で動力方式が全く異なるリニアモータ方式の鉄道があります。わが国で最初に採用されたのは大阪市の鶴見緑地線でした。この方式は鉄輪走行ですが、駆動装置が回転するモータからリニアモータに

図表1-42　大江戸線のリアクションプレート

図表1-43　導電鋼レール電車線

代わったもので、地上のリアクションプレートと車上のコイル間に作用する力で走る鉄道です。特長は車両の床下寸法が小さいため、トンネル断面積が70％程度と小さくできる極めて経済的な方式です。

電車線は、導電鋼レールをベースに胴帯を添えて電流容量を補い、占有高さを小さくしたコンパクトな構造です。

図表1-42はレール間に設備されたリアクションプレートで、銅又はアルミ板が使われています。

導電鋼レール電車線は、最初札幌や仙台の地下鉄で実用化され、その後、リニアモータ方式の大阪の鶴見緑地線や大江戸線などに採用されています（図表1-43）。

16　路面電車の電車線

　わが国の主要な幹線鉄道は、1872年の新橋～横浜間の開通に始まり、その後建設は急速に進み約40年後の明治末期には、公私鉄合わせて8000kmにも達していました。毎年200km開通のハイペースだったわけです。

≫草創期
　電気鉄道が初めて姿を現したのは、1890年に上野公園で開催された博覧会だったそうです。交通機関に関する新技術の展示や試乗は、いつの時代も博覧会などで行われていたようです。

　なお、本格的に営業開始した電気鉄道は、1895年に開業した京都市電の前身でした。電気方式は同じ直流500Vでその電源は、蹴上発電所から供給されましたが、当時は発電設備も一緒に作る必要があったようです。

　公営の路面電車として大都市の市民の足となった代表的なものとして
- 東京市電：1902年に開業し1911年に公営化
- 横浜市電：1904年開業し1921年に公営化
- 京都市電：1895年開業し1912年に公営化
- 大阪市電：1903年公営で開業…などが上げられます。

≫最盛期から廃線へ
　「路面電車」という分類は、地方鉄道や軌道との重複もあり必ずしも明確にできないものですが、第二次世界大戦後までの最盛期には、二十数都市で庶民の足として利用されていました。

　しかし、その後急速に進んだモータリゼーションの波で、日常の足として便利に利用された路面電車が交通渋滞の原因となったため、代替手段のバスと地下鉄に移行し、残ったのは限られた都市とエリアになってしまいました。

　しかし、最近、省エネと環境問題から、路面電車の良さが再認識され

ています。なかなか元に戻すことは困難なようですが、ヨーロッパなどでは路面電車のLRT（ライトレール・トランジット）が健在で、おおいに活躍しています。

図表1-44〜図表1-47は今も活躍している代表的な路面電車の例です。

路面電車の電車線及び支持物等の変遷は、おおむね下記のようになります。

①**集電方式**
・草創期：架空複線式で集電装置は集電ポール
・最盛期：架空単線式で集電装置はビューゲル
・現　在：架空単線式で集電装置はパンタグラフ

②**架線方式**
・草創期：架空複線式で直接ちょう架方式
・最盛期：架空単線式で直接ちょう架方式

図表1-44　函館市電

図表1-45　東京都電

図表1-46　熊本市電

図表1-47　鹿児島市電

・現　　在：架空単線式でシンプルカテナリ方式
③支持物
・草創期：鉄柱・鋳鉄管柱等とスパン線ビーム
・最盛期：鉄柱・鋳鉄管柱等とスパン線ビーム
・現　　在：コンクリート柱等と固定ビーム・スパン線ビームの併用

＊鋼管柱を使用した環境調和形のセンターポール化の方向にあります。

コラム⑤　架空複線式電車線が消えてゆく

　我が国唯一の架空複線式電車線設備として、立山黒部アルペンルートの山岳トンネル内のトロリーバス路線に設備例があります。その長野県側の扇沢ルートが近い将来撤去され電気自動車に替えられるという計画が発表されました。

　このルートは1964（昭39）年に運行開始されたもので、その前身は黒四ダム建設の機材運搬を目的に関西電力㈱が設備した電車線設備です。ダム完成後、地上設備はトロリーバスの電源として活用され、観光ルートの一役を担い技術的にも大変貴重な設備例でした。しかし、既に半世紀を超えて使用されてきたこと等から、コスト削減を理由として廃止し、最近大きく発展しつつある電気自動車に替える計画が報道されました。富山県側の室堂ルートは当面残るようですが同じ運命をたどるものと思われます。

　図表Cは、2015（平27）年に撮影したものですが、途中の「行き違い設備」で数台のトロリーバスが相互に待機していて、観光客が目を見張る風景は壮観でした。

図表C　架空複線式電車線とトロリーバス

17　黒磯駅や藤代駅付近での交直切替設備

　黒磯駅や藤代駅付近は交流電化区間と直流電化区間の接続箇所であり、交流から直流または直流から交流へ電源を切り替える設備があります。この区間を通過する電車が、一時的に電源を切るために車内が暗くなります。しかし、バッテリーを持っているために照明等最小限の明かりは確保していますので、薄くらい程度ですぐに電源が切り替わると復電し元の明るさに戻ります。今はインバータ車の導入により一時車内が暗くなることは解消されつつあります。

　なぜ、このような交流と直流の設備が必要なのでしょうか。これには歴史的な背景がありますので、紹介します。

≫歴史的背景

　大正年間に国内の石炭需要が急騰してエネルギー問題が提起され、年間に大量に石炭を消費する国鉄は、電化によって石炭の消費を節約すべしとの声が高まりました。また、ヨーロッパ等の電化の影響もあり、国家的な政策として鉄道電化が取り上げられました。その後、様々な施策を経て鉄道電化が直流方式で推進されてきました。

　鉄道の電化は直流方式で進められてきましたが、仙山線仙台・作並での地上と車両の実用試験の結果、「今後電化を進めるにあたって交流方式の採用は有利である。」との答申が出され、交流方式の採用に向かいました。

①黒磯駅の交・直切替駅設備

　このような背景があり、東北本線の電化で黒磯駅が交・直切替地点に選ばれ、直流電化区間の電気車の運用から地上切替としたのは、車上切替技術がなく構内が比較的簡単でしかも急行列車の停車駅であるという条件によるものといわれています。しかし、複雑な地上設備が必要になります。

図表1-48　藤代のデッドセクション（下り線）

図表1-49　藤代のデッドセクション（上り線）

②藤代・取手間の切替設備

　一方常磐線の藤代・取手間が選ばれたのは、柿岡地磁気観測所の存在であり、直流電化の帰電流が地磁気観測に悪影響があることでした。帰電流の関係で、直流電化区間は柿岡を中心に半径30km以外ということになったため直流電化はとても無理と判断したようです。

　2005年8月24日に開業した「つくばエクスプレスでは、柿岡地磁気観測所から35km圏内となる守谷以北は交流電化方式、守谷以南は直流電化方式として、秋葉原起点40.7km付近に交流・直流デッドセクションを設けて、交流と直流のき電区分を行っている」と「鉄道と電気技術平成17年12月号」に紹介されました（図表1-48、図表1-49）。

③黒磯駅の交直切替設備の変遷

　初版の「図解　よくわかる電車線路のはなし」では簡単に紹介しましたが、歴史とともに大きく変わっています。

　1959（昭34）年7月に東北本線黒磯・白川間の交流電化が完成し、この時、黒磯駅に交流機関車と直流機関車の付け替えを行う地上切替方式が採用されました。

　この時期は、輸送力増強を目指して交直流の近距離用電車及び長距離用電気機関車の開発が進み、交直流区分用デットセクションによる車上切替方式が可能となりました。黒磯駅は上下本線に交直流区分用のデッドセクションを設けて、通過列車の車上切替に対応しました。

その後常磐線などに車上切替方式の導入が逐次進められましたが、黒磯駅は交流機関車と直流機関車の付け替えを行うための運用上、地上切替方式が残されました。交直切替方式の運用は、切り替え作業の難点もありましたが、電力関係の地上設備が非常に複雑でした。駅構内は直流1500V区間、交流20000V区間が多数のセクションにより区分され、さらに上下それぞれの車上切り替え用のデッドセクションも構成されていましたので、構内のき電系統はきわめて複雑でした。実際にメンテを担当した方、工事を実施した方からもその苦労の大変さを聞き及んだことがあります。

　しかし、地上切替設備の老朽化、機関車運用の変化等、黒磯駅を取巻く時代的環境が変わり、駅構内のデッドセクションを上下線ともに仙台方に移設する工事が進められ、2018（平30）年1月2日に駅構内が直流化されました。

　1986（昭61）年11月1日国鉄最後のダイヤ改正時の時刻表を覗いて見ると、東北新幹線は上野・盛岡間での営業運転であったため、東北本線は寝台特急やエル特急が華やかに運行され、黒磯駅の車上切替装置が有効に働いていたことが伺えます。

» 半世紀前の「今月の話題」（1958年9月号「電気機関車」交友社）

　「どうして常磐線電化がこうして他の線区より遅れたんだろうね」「……最大のガンは土浦郊外にある柿岡の地磁気観測所の存在であったと思うね……。ここで困ったのは直流電化の帰電流による地磁気にたいする影響なんだ。帰電流が40A以下でなくてはならないといわれてはとても直流電化は無理だね……。直流電化区間が、柿岡を中心に半径30km以外ということになると佐貫以北を直流電化することは不可能だからそれ以南のところで交流電化区間にしないといけない。そこで構内設備その他を考えて交直の境界は現在のところ藤代駅構内または藤代～取手間信号場が考えられたわけだ……」（一部紹介）

18 電車線路システムの新しい技術

　社会が鉄道に求めている機能は安全性、確実性、利便性、経済性、大量輸送性等でしょう。さらに近年は、環境問題の重要性から環境負荷の低減も求められるようになりました。特に電車線路設備の速度向上については、これらの項目に大いに関係します。

　しかし、一口に速度向上といっても、これは、車両、電車線路、鉄道線路、信号等の総合システムの結果として達成されるものです。また、新車両の設計や電車線路等の地上設備の改良のみならず保守、新技術、人的資源も必要になります。

　その中での電車線路システムの大きな要素に電車線方式があります。

　新しい技術の代表事例として、現在運転されている新幹線の電車線方式と実用運転最高速度を図表1-50に紹介します。

①波動伝播速度

　波動伝播速度は、パンタグラフの押上げによって発生するトロリ線の上下方向の波の伝わる速さのことです。列車速度がこの波動伝播速度に近づくとトロリ線の振動の波が大きく（wake：ウエーキ現象）なり、離線が増大し、集電ができなくなり、ついにはトロリ線が断線してしまうため波動伝播速度を超えることはできません。実用速度はこの波動伝播速度の75％程度とされています。

　例えば、トロリ線の種別GT170mm^{2}を14.7kN（1500kgf）で設備したときの波動伝播速度は計算により、355km/hになり、19.6kN（2000kgf）で設備したときは、410km/h程度になります。従って、実用運転最高速度は260km/h、300km/h程度となります。

　ヘビーコンパウンド、高張力ヘビーコンパウンドを採用している新幹線においては、ほぼ限界の速度対応になっています。また、CSシンプル電車線に使用されている銅覆鋼トロリ線は、高速化対応を目指したトロリ線で、鋼線を銅で覆ったトロリ線です。19.6kN（2000kgf）で設備しているので、計算により波動伝播速度は521km/hで、実用運転最高速度

種　別	電車線方式	実用運転最高速度(km/h)	主な線区
新幹線	ヘビーコンパウンド	275	東北新幹線
	高張力ヘビーコンパウンド	285 (300)	東海道新幹線 (山陽新幹線)
	CSシンプル	275	長野新幹線

図表1-50　代表的な新幹線の電車線方式と実用運転最高速度の適用例（鉄道と電気技術）

は、390km/h程度になり余裕があることになります。

②高速化対応の技術的な要素の例

・離線率

　パンタグラフがトロリ線から離れることを離線といい、その時間的割合を離線率といいます。つまり、一定区間の全走行時間に対して、離線時間の総和の比をいいます。離線率は数％程度以内が目安です。

・トロリ線押上量

　トロリ線押上量とは、パンタグラフがトロリ線を押し上げる量のことで、電車線金具に衝突しない押上量の最大値は、100mm程度以下が目安です。

・トロリ線応力

　一般的にトロリ線応力は、パンタグラフ通過時に押上によりトロリ線が湾曲するときに発生する繰り返しの曲げ応力をいいます。トロリ線応力の許容値は歪換算で500（μst：マイクロストレン）程度以下です。

　なお、これらの要素の他に騒音の環境基準値等も考慮しなければなりません。これらを総合して実用運転最高速度が決まります。

19 電車線路の新技術と実用例

　電車線路における新技術の開発の例として、東京駅中央線高架上の電車線路設備の開発を紹介します。これは、東京駅構内に長野新幹線のスペースを確保するため、スペース相当分の既設線を移転し、在来地上の中央線を新高架上に載せ、そこに電車線路設備の開発を行ったもので、1995年完成しました。

　開発に当たっての電車線路設備のコンセプトは、土木構造物のもつダイナミックさを活かし、都市景観との調和を図り、設備のスリム化、作業の安全性を図る（図表1-51、図表1-52）。さらに、この設備のテーマは、東京駅にふさわしい景観デザイン、作業の安全性を重視した設備、コスト低減を図るということでした。

≫東京駅にふさわしい景観デザイン
①景観支持物

　景観支持物については、従来の鋼材を組み合わせた重厚なものから、スリムな構造（鋼管柱、鋼管ビーム）のデザインにしています。電柱の直径を細くし、ビームに曲線部を設けることによりソフト感を出し、安定感を出すために左右対称とし、ビームの端部にはアクセサリーも追加しました。図表1-53のように電柱・ビームの亜鉛めっき色と相まって、全体的に軽量・スリム感を醸し出しています。

図表1-51　東京駅従来設備

図表1-52　東京駅中央線電車線路

電車線については、き電線のないき電吊架方式を採用し、なるべく電車線金具の数を減らし、電車線を支持する装置も徹底した簡素化を図っています。自動張力調整装置は、新型のばね式を採用、電車線金具はあまり目立たないように細い鋼管を採用し、全体設備としての一体感を表現しています。これらの設備の開発に当たっては、事前に入念な検討を行っています。

強度計算、支持物のたわみと工場において現物の強度試験、電圧降下、電流容量の電気的な検討や施工方法、施工工程についても同様です。

②作業の安全性を重視した設備

電車線路設備は、き電吊架方式の採用により設備全体の高さを低くでき、機械化の作業が容易になっています。また、工程短縮に伴う安全性の確保から、電柱とビームを高架下の道路で当夜作業時間前に組み立て、一体化した施工方法を開発して、限られた時間内で迅速かつ正確にしかも安全に施工できるようにしています。これらは、設計と施工部門の緊密なコミュニケーションによる、お互いの経験工学の結実です。

③コスト低減が図られる設備

支持物、電車線、付属金具の施工プロセスにおいては、徹底した機械化施工を導入しています。また、価値工学（VE）手法を採用し、小集団活動により、いろんな電車線金具を提案し、その中でコンセプトにマッチした経済性が図られる、新しい電車線金具を採用しています。

図表1-53　スリムな支持物

20 電気鉄道は優れもの

電気鉄道には、いろんなメリットがあります。エネルギー消費が少ない、大量輸送が可能、電気使用のため排気ガスを出さず、さらに鉄道の専用敷地内であるため正確な運転が可能です（図表1-54）。一方、障害発生時の波及性、踏切による交通しゃ断等の課題があります。

①エネルギー消費が少ない

日本は、エネルギーの自給率約4％しかありません。エネルギーの大部分を輸入に頼りながらも、世界第4位のエネルギー消費国です（2002年）。

近年、地球温暖化や酸性雨等の地球環境問題により、より一層の省エネの推進が課題です。輸送機関別に見ても、鉄道は他の交通手段（バス、乗用車、トラック、船舶）と比較しても極めてエネルギー効率の良い輸送機関です。また、鉄道内において図表1-55のように、電気運転、ディーゼル運転、蒸気運転とのエネルギー効率を比較しても電気運転は優位にあります。

図表1-54　鉄道の専用敷地

電気運転			ディーゼル運転	蒸気運転
	直流	交流		
火力発電所〜機関車までの効率	24	25	20	5
水力発電所〜機関車までの効率	57	58		

図表1-55　各運転によるエネルギー効率の比較（単位：%）（電気鉄道要覧）

②**大量輸送ができる**

電気車は、ディーゼルや蒸気運転よりも高い引張力（けん引力）があり、同じけん引重量に対して速度を高めることができ加速度を大きくすることができます。また、減速度も電気ブレーキを用いることにより大きくできます。つまり、加速・減速が大きくできるためスピードアップが容易で、列車本数も増やせ、大量の輸送が可能になるということです。

③**正確な運転が可能（定時運行）**

鉄道は、専用の軌道を持ち、専用の走行路を走行するため、定時運行が確保し易く、特に過密都市において定時運行は重要な要素となります。

④**安全性が高い**

事故の発生率や事故による被害者数は、他の自動車事故に比べて少なく、鉄道事故の多くは、駅ホームでの人身事故等です。

⑤**エネルギー効率が高く、環境負荷が少ない**

電気鉄道は、エネルギー効率が高く、排出されるCO_2やNO_x等の有害物質が少ないため、環境負荷が少ないシステムです。

⑥**日本の鉄道の電化率**

日本の鉄道の在来線の電化率は、65％程度で、新幹線は100％です。

以上のように、電気鉄道はエネルギー効率、地球環境の面でも優れた特性を持っているため社会的に、貨物の輸送を鉄道等へ転換するモーダルシフトを進める政策が採られつつあります。

そしてこれらの電気鉄道に必要不可欠であり、土台をしっかりささえているのが電車線路設備なのです。

コラム⑥　全国新幹線網整備後の電車線路は？

　1964（昭39）年10月に開業した東海道新幹線は、夢の弾丸列車が目の前に現れた画期的な出来事でしたが、当時発表された全国新幹線網整備構想はまだ夢の段階でした。しかし、あれから半世紀を超えた現在、全国新幹線網整備構想も札幌新幹線の開業を控え、遠大な夢の実現が視野に入ってきました。この結果、わが国の鉄道にとって基幹ネットワークだった東海道本線・山陽本線・東北本線・北陸本線などが大きく変貌する事になりましたが、その特徴は並行する在来線の「ローカル線化」に対処する手段として採用される「第三セクター化」といえます。

　第三セクター化施策の対象外でも、大都市通勤圏を中心としたエリアの外周では、旅客流動の変化が大きくダイヤ改正による対応のほかに、さらに設備の簡素化が必要な現実があります。首都圏・大阪圏・名古屋圏に於いて、いわゆる電車線路設備の簡素統合化施策が進められていますが、その周辺に位置する区間では、より経済的な簡素化が求められ既にその計画が発表される段階にきています。具体的には、列車ダイヤを基本にした電車線の軽量化構想で、設備の簡素統合化を深度化する施策として「スマート電車線路（Smart Catenary System）」と名付けられ、コスト削減を兼ねて、電車線断面の変更などが行われようとしています。

　平成初期に計画された首都圏の電車線路簡素統合化では、電車線の「銅断面換算値」が既設の設備を下回らない事を条件として認可され、き電線Cu325 mm^2×2本及びトロリ線GT110 mm^2×2本の「ツインシンプル架線」をベースに、トロリ線はGTM170 mm^2×1本、き電吊架線はPH356 mm^2×2本とした経緯があります。この条件は、列車ダイヤと電源容量から見てかなり余裕のあるものでした。

　しかし、1994（平6）年に電化開業した八高南線では列車ダイヤに応じて、トロリ線GT110 mm^2×1本、き電吊架線PH 200 mm^2×2本又は1本とした前例があり、新幹線では1991（平3）年の試験を基に標準化され、コラム⑨で紹介している「高速シンプル架線」の前例があります。これ等の設備は、現在検討されている「スマート電車線路」の前例ともいえるものであり、その構想実現に向けて貴重な事例になることと思われます。

第2章
き電線のはなし

21 き電線のしくみ

き電線は、鉄道用の変電所からトロリ線に電気を供給するための電線です。語源上「饋」は「送る、運ぶ」という意味から、過去には電気を送るという意味で難しい饋電線という漢字が使われてきました。近年、当用漢字にないため、ひらがなで「き電」という用語が使われています。

直流区間に設備されるき電線が直流き電線であり、交流区間に設備されるき電線は吸上変圧器き電方式（BTき電方式）ではBTき電線、単巻変圧器き電方式（ATき電方式）では、ATき電線と呼ばれています。

き電線は、事故時の波及低減や保全の容易さを有効にするため、適当な距離ごとに区分します。

図表2-1　直流1500Vき電線

図表2-2　直流1500Vき電分岐装置

図表2-1は直流区間（1500V）のき電線を示します。き電線は架空式や地中式（ケーブル）、き電分岐装置（図表2-2）などで構成されています。き電分岐装置は、き電線からトロリ線に電気を供給するき電分岐線やそれらを接続する金具などを含めた設備であり、き電線とトロリ線との間に一定間隔で設備されています。

　BTき電線は、変電所から変電所近傍のトロリ線に電気を供給するための電線をいいます。なお、負き電線（図表2-3）は、レールと並列に接続され、吸上変圧器により吸上げられた電気を変電所に戻すための電線です。

　図表2-4のATき電線は、変電所から電車線に分散設置されている単巻変圧器（AT）に電気を供給するための電線です。ATき電線は、電車線の帰線の役割も果たしています。

図表2-3　BTき電方式の負き電線

図表2-4　ATき電方式のき電線

22 き電線の移り変わり

　き電線は電流容量が大きく、軽量で安価であることが要求され、電力会社の送電線と同様に硬銅より線や硬アルミより線が使用されてきた経緯があります。以下、き電線の経緯を示します。

①**硬銅より線**

　鉄道における硬銅より線の使用は、明治時代に遡ることになります。1895年第4回内国勧業博覧会（近代技術開発と都市活性化）が開催されています。これを機会に、京都七条・伏見油掛間に日本最初の電車を運転した時に、き電線メーカーがき電線用被覆電線を納入しています。当時、き電線や帰線には被覆電線が「電気鉄道取締規則（逓信省令）」で義務付けられていました。1925年に現経産省令の前身である電気工作物規程が改正され、高圧電線に裸銅線の使用ができるようになり、上野・東京間に裸銅線断面積325mm²が使用されました。それ以降一般的に使用されるようになり、現在においてもき電線に広く使用されています。

②**硬アルミより線**

　電気鉄道においては、1927年～30年にかけて東武鉄道伊勢崎線や日光線のき電線に硬アルミより線240mm²が使用され、国鉄においては、1931年開通した上越線水上・石打間に325mm²が使用されています。その後、加工コスト低減や断線防止のため素線径を太くして、1947年上越線の一

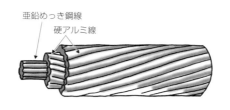

図表2-5　鋼心アルミより線

部や高崎線に全面的に使用されるようになりました。

その後、1972年山陽新幹線にき電線として、アルミ線を亜鉛めっき鋼線で補強した鋼心アルミより線（ACSR）が一部使用された例もあります。（図表2-5）

硬アルミより線は現在においてもき電線として広く使用されています。

③その他のき電線

従来の銅線やアルミ線の連続使用温度は、90℃を限度として維持・運用されてきましたが、1955年中ごろから輸送量増大、冷暖房の導入、信頼度向上から大容量のき電線や帰線が必要となってきたことから、連続使用温度が150℃の耐熱電線が開発・実用化された例があります。

また、過去に耐熱性を向上させた超耐熱アルミ合金線（UTAL、ZTAL）、特別耐熱アルミ合金線（XTAL）、アルミ覆インバ心特別耐熱アルミ合金より線（XTACIR）も使用された例があります。

④き電線の接続

き電線の直線接続は、大正の初期から、硬銅より線の素線をほぐして、唐傘の骨状に広げ相互にかみ合わせて巻いたものにハンダ揚げを施した唐傘ジョイント工法がおこなわれてきました。昭和初期には、コッタ入りのハンダ注入式ジョイントピースが使用されています。これを上空で接続する場合には、地上でハンダなべでハンダを溶かし、なべごとロープで吊るし上げ専用のひしゃくでハンダをすくって注入しました。1931年の上越線水上・石打間電化では、アルミより線の接続に丸型の圧縮接続管が使用され、水圧機で圧縮をしたようです。

現在は、硬銅より線、硬アルミより線ともに、圧縮接続工法が標準工法になっています。

23 き電線のはたらきと役割

き電線は変電所から電車線に電気を供給する電線をいい、直流き電線と交流き電線があります。直流と交流のき電線では、働きや役割は異なります。

①直流と交流

直流と交流で同じ電力（電力＝電圧×電流）をトロリ線から電気車に供給する場合、直流の1500V等のように電圧が低いときは、電流が大きくなります。一方、交流の20kVや25kVのように電圧が高いときは電流が小さくなります。

電流が大きい場合は、熱によってトロリ線が温度上昇し、強度が低下したり、電流による電圧降下や電力損失も大きくなります。

直流では、電線直径が太くなり、交流では細くなります。

き電線は主として直流区間では、硬銅より線325mm²や硬アルミより線510mm²、交流では硬アルミより線95〜200mm²が使用されています。なお、新幹線の場合は、硬アルミより線300mm²が使用されています。

②直流区間

直流区間は電圧が低く電流が大きいのが特徴であり、トロリ線のみでは電流に耐えられないため、き電線を並列に設け、電車線の電流容量の不足分を補うのがき電線のはたらき・役割です（図表2-6）。

図表2-6　直流き電線

図表2-7　ATき電線（奥羽線）

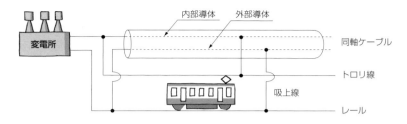

図表2-8　同軸ケーブルき電方式

③交流区間

　交流区間については、主にBTき電線とATき電線が設備されています。交流区間では直流区間とは異なり、電圧が高く電流は小さい特徴があるため、電流容量はトロリ線のみで満たされるため、レール（帰線）に流れる電流が通信線に誘導障害を発生させることを防止することが働きと役割です（図表2-7）。

④同軸ケーブルき電方式

　新幹線の一部区間（上野トンネル、田端・東京間、浜松町・大崎間等）に同軸ケーブルによる同軸ケーブルき電方式が採用されています（図表2-8）。

　この方式は都市近郊では、き電線や電車線と道路橋、こ線橋、建物等への危険防止のために離さなければならない距離（絶縁離隔距離）が得られない箇所、または、トンネル内のような狭い箇所でき電線を設備するスペースが少ない箇所に用いられる方式です。

　この方式もBTやAT方式と同様に、レールに流れる帰線電流を外部導体に吸い上げることで、通信誘導障害防止の効果があります。

24 き電線の設備はどのようなものがあるのか

き電線は、大きく分けると架空き電線、地中き電線、付属設備から成り立っています。

①架空き電線

き電線は一般的に架空式（空中式）で、電柱やビームに取付けますが、やむをえない場合は、ケーブルを使用して地中や地表式としています。

架空式は一般的には電柱に腕金を介して設備しますが、き電線のルート変更等線路を横断する場合は、ビームにやぐらを介して設備します。また、設備方法は、下り線用き電線は下り線側の支持物に、上り線用き電線は上り線側の支持物に取付けます。下り線・上り線両き電線を同一の支持物に取付ける場合は、電車線のき電系統に対応して、き電線を配列します（図表2-9）。

②き電ケーブル

き電ケーブルは、高さが極めて低いこ線橋がある場合やこ線橋の架替え等の一時的な仮設備のとき等、やむを得ない場合に使用されます。

③付属設備

・き電分岐装置

き電分岐線は、き電線からトロリ線又は補助ちょう架線とを接続する電線で、き電分岐線を配線するために設備されたものを総称してき電分岐装

図表2-9　き電線の設備（直流）

図表2-10　き電分岐装置（直流）

置といい、直流区間では概ね250mごとに設備されています（図表2-10）。

・**開閉装置**

開閉装置（断路器）は、各区画ごとに単独にき電したり、き電停止できるようにするための設備です。き電系統から重要な役割をもつものであり、努めて一箇所に集め、専用敷地内に設備し、容易に人が触れることができない位置に設備します（図表2-11）。

・**支持装置**

き電線の支持装置は、き電線を支持するための設備で、がいし、腕金、やぐら、クリート（木製や合成樹脂製で電線を挟んで押えるもの）、トラフ等があります（図表2-12）。

・**引留装置**

き電線の終端を引留める設備をいい、一般に引留める電線の張力に耐えられるように支線が取り付けられます（図表2-13）。

図表2-11　開閉装置（直流）

図表2-12　クリート

図表2-13　き電線の引留装置

25 き電線の腐食で電車が停まることがあるのか

　き電回路は、き電線、き電分岐線、トロリ線、帰線等を電線によって構成したものです。したがって、電線類の接続時に不完全な施工を行うと、後に電線接続箇所の腐食、熱による断線を引き起こして、電気回路に障害が発生し、電気車を長時間にわたって停めるおそれがあります。

①銅とアルミの異種金属の接触による腐食

　き電線とトロリ線を接続するき電分岐線箇所では、き電線がアルミ線、分岐線が銅線という構成が一般的な工法です。接続箇所は銅とアルミニウムの異種金属の接続（図表2-14）になり、その接触面に水や塩分等が付着すると水や塩分等が電気を通す物質（電解質）となり、局部電池を構成し電気が流れます。その場合、アルミニウムが銅よりも水に溶けやすい（イオン化傾向）ため電線素材が化学変化を起こし、腐食します。腐食量はイオン化傾向の差が大きい金属間ほど腐食電流が大きいため大きくなります。しかし、接触面に水や塩分等が付着しなければ、腐食は起きません。

②異種金属接触の腐食要因

　水分・湿度、温度、塩分、粉じん等に影響されます。特に、電気を通しやすい塩分、銅、鉄等の金属粉が付着した場合や高温の場合は腐食が加速される性質があります。

③異種金属接触による腐食の防止方法

　一般的な防止方法としては、異種金属境界面に水等がたまらない構造

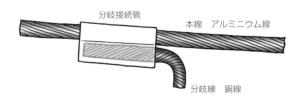

図表2-14　異種金属の接続

にすることです。具体的には、電線の挿入部分をきれいに磨き、水分・塩分・金属粉等の侵入を防ぐため電線の挿入部には電気を通し易いコンパウンド（複合物、化合物の塗料）を十分塗布することで対応しています。

また、電線素材の固有のイオン化傾向に対して、銅とアルミの中間にあるすずや亜鉛を挿入し、局部電池の電圧を減少させます。

他には電線の圧縮の際には、適正なダイスの使用や適正な圧力等で分岐接続管の内部に水分等が入るような隙間を作らないことも施工段階では十分注意を要することです。

これらの圧縮部の腐食は、接続管の温度上昇によって検出できるため、反応しやすい示温材（サーモラベル）等を取付けて管理する方法がとられています。

④ **他の腐食要因**

上記の他には、特殊箇所としては、化学工場近辺で発生する塩素ガスやアルカリ性漏水の激しいトンネルがあり、腐食の原因となるためこのような箇所には銅線が使用されます。

トンネル内においては、漏水がトンネルのコンクリート層を通過するとき、アルカリ性の溶液しずくとなってアルミ線に付着し、表面を溶解して急速に腐食が進行します。

⑤ **（参考）イオン化傾向の例**

イオン化傾向は、どの金属がどの金属より水に溶けやすいかを示した順序です。き電線の接続に関係する金属のイオン化傾向は、以下のとおりです。

（←腐食されやすい）アルミニウム＞亜鉛＞鉄＞すず＞鉛＞銅（腐食されにくい→）

26 き電線の工事

き電線の工事方法は、工事の施工場所（駅構内、駅中間）、施工内容（電線の種類、新設、張替、手引き、エンジン引き）、作業条件（昼間、夜間、作業時間、電気車の通過本数）等によって異なります。図表2-15には、一般的な施工方法であるエンジン引きの方法を示します。

≫き電線延線の方法
①き電線延線工事の支障物調査と処置

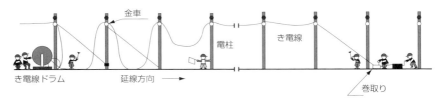

図表2-15　エンジン引きによるき電線の延線

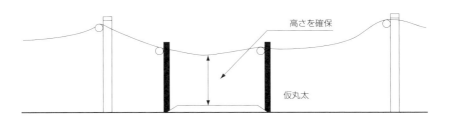

図表2-16　踏切の障害防止

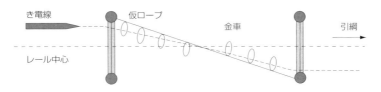

図表2-17　線路横断箇所の障害防止

信号機、駅こ線橋、き電線の線路横断、線路の状況（直線、曲線）等支障の有無を確認します。

例えば、交通頻繁な踏切箇所では、事前に仮丸太を仮設してき電線が垂れないように処置をします（図表2-16）。

また、き電線の線路横断箇所では、別に仮ロープを延線して電気車の走行に支障（き電線の垂れ）のないように空間を確保します（図表2-17）。

②**延線作業と接続**

図表2-15に示すように、き電線ドラムやエンジンを延線する方向に設置し、仮ロープの後端にき電線を取付け、無線機で相互に連絡を取りながら一定速度で延線します。なお、延線が長距離となる場合は、接続管で圧縮接続します（図表2-18、2-19）。

③**後片付け等**

き電線工事においては、作業終了後の材料、延線機材の後片付けには細心の注意を払います。それは、電気車が走行しているときの支障となるからです。以上の手順により、き電線工事（延線）を施工します。

なお、これらの作業は、短時間（東京近辺は夜間の２、３時間）の線路閉鎖や停電で行いますが、作業指揮ができる者は、所定の講習を修了し、試験等をパスした者です。

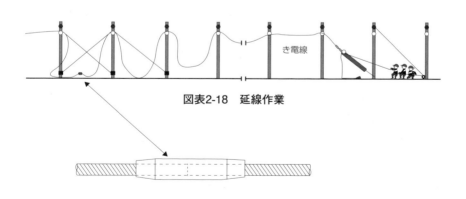

図表2-18　延線作業

図表2-19　き電線接続管

27 き電線にまつわる意外な現象

　き電線は、電車線路設備の中で最も大きな電流が流れる設備です。しかし交流き電方式は直流き電方式に比べ、電圧が約10倍のため電流は1/10程度となります。運転条件や変電所間隔などの違いがあり、一概には言えませんがピーク電流は、交流方式は1回路当たり数百アンペア、直流方式は1回路当たり3〜4千アンペアという規模です。

　従って、直流き電線は架設張力との関係もありますが、一般的には1条当たりの許容電流が1000A程度の電線が使われています。なお、電線の材質は一般的な、銅より線又はアルミより線が使用されています。

　両者には夫々特徴があり、建設時のコストではアルミ線系が優位で、環境条件にもよりますが、張替え周期が短いため保全コストの面では劣り、トータルコストから見ると、き電線の場合は銅線系が有利と思われます。

　代表的なき電線の線種と標準張力の概要を挙げてみます。

- 直流き電線（許容電流1000A）　Al 510mm^2：標準温度の張力6.9kN（0.7tf）
  　　　　　　　　　　　　　　　Cu 325mm^2：標準温度の張力11.8kN（1.20tf）
- 交流き電線（許容電流500A）　　Al 200mm^2：標準温度の張力2.50kN（0.25tf）
  　　　　　　　　　　　　　　　Cu 125mm^2：標準温度の張力7.8kN（0.8tf）

≫より線は圧縮接続すると弱くなる

　き電線は一般に、より線を使っていますが製品の1条長さは、重量やドラム構造等の条件からAl 510mm^{2}は約1000m、Cu 325mm^{2}は約300mが標準化されています。従って架設する場合必ず現地での接続作業が必要になります。

より線の接続には、一般に圧縮スリーブが使われているため圧縮接続箇所の電線は、冷間加工による影響を受けることになります。このとき電線の強度（引張強さ）が約10％程度低下しますが、古アルミより線の場合は特にその値が大きいので、具体的な数値は圧縮スリーブの規格を確認する必要があります。

　なお、電気抵抗は圧縮接続後増加しないことが規格の条件になっています。

≫既設のき電線に圧縮箇所を増やすと弛度が増加する

　直流き電線には約250m毎にき電分岐装置があるため、架設する場合は分岐箇所の圧縮作業で発生する伸び量を、予め見込んで初期張力を設定します。

　改良工事やき電分岐装置の修繕で既設のき電線に多数の圧縮作業を行なう場合、施工後の弛度増加や接地離隔を確認する必要があります。このため修繕工事では分岐線側で圧縮接続する方法が採られています（図表2-20）。

≫直流き電線の電流から意外な現象
①並行する電線の吸引力

　変電所近傍などで、同一方向に大きな電流が流れると、き電線相互にフレミングの法則による吸引力が働き、き電線が接触（キッス）することがあります（図表2-21）。

図表2-20　き電分岐箇所の圧縮

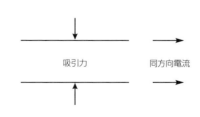

図表2-21　電流による吸引力

・Al 510mm²径間60m、線間0.6mの設備で接触現象が発生した例
　⇒セパレータによる線間固定で解決しました。
・Al 510 mm²2条束合径間60m、線間0.6mの設備で大電流のため接触現象が発生した例
　⇒線間を広げて解決しましたが、Cu325mm²であれば重量が大きいため、同じ条件でも接触は発生しません。

②同方向の大電流が電子機器に影響

　容量の大きい直流変電所の引出しき電線の場合、系統が方面別に分かれる箇所までは、千アンペア単位の同方向の大きな電流が流れます。用地際に設備したき電ケーブルの電流で、鉄道用地に近接したビル内の電子機器に、電磁誘導障害が発生した例がありました。

　⇒き電ケーブルのルートをビルから離すことで解決しました。

　なお、電波障害及び電磁誘導障害の防止は「電気設備技術基準」で規制されています。

28 失敗のはなし（き電線の不具合が見えるとき）

き電線は、その設備する位置（装柱）の面から見た場合、電車線に比べかなり自由度のある設備です。駅中間の装柱は一般に図表2-22のような形、駅構内の場合は図表2-23のように、ビーム上の任意の位置に設備する形が普通です。

ビーム構造の場合、任意の位置と見えても付近の旅客誇線橋やホーム上屋等との関連があるため、設計に当たっては次の二点を検討する必要があります。
①面図上の経過ルートの条件、②誇線橋下部などの高低差の条件です。

検討に当たっては、き電線の弛度と張力を想定することになりますが最低温度の張力と、最高温度（電流による温度上昇を考慮）の弛度が決め手になります。特にアルミ線の場合、弛度の変化が大きいため十分注

図表2-22　単独柱

図表2-23　ビーム構造

意する必要があります。
①冬にわかる失敗
　硬アルミより線Al 510mm²、径間50m、15℃の張力6.9kN（700kgf）の場合
・夏期50℃………張力約3.9kN（0.4tf）　→ 弛度約1.2m
・標準15℃………張力6.9kN（0.7tf）　　→ 弛度約0.6m
・冬期－10℃……張力約 14.7kN（1.5tf）→ 弛度約0.3m

　例えば、標準温度の張力6.9kN（0.7tf）で架設すると、－10℃の時、径間中央にある跨線橋の下部離隔は0.6－0.3＝0.3となり0.3mも減少します。

　標準温度15℃の絶縁離隔を0.3mで良いとして設備すると、冬期－10℃で離隔0になり地絡してしまいます。したがって跨線橋の下などにはトンネルがいしを使うわけです。支持点の高低差が最大弛度を越える位の高低差で、2個連の懸垂がいしが逆立ちし、地絡する可能性があるため細かい計算が必要です。

②夏にわかる失敗
　車両基地の電源は、通常最寄りの変電所から専用回線で供給されています。その理由として営業線と停電（き電）条件が異なること、出区前の車両が冷暖房のために大きな電力を使用することなどが上げられます。

　最近の電車は「従来の電車に比べ1/2以下の電力で走っています」が、サービス向上のための冷暖房用電力については増加しています。特に早朝の出区時間帯に、専用き電線は冷房負荷のため大きな電流が流れるようになりました。

　車両基地の出入り口で、複雑に交錯する電車線群の上部を専用き電線が横断していたため、熱帯夜による高い基底温度と大電流の競合により、き電線の弛度が大きく増加したため、ちょう架線と接触した例がありました。

　前項の架設条件で、き電線温度が90℃になったと仮定した場合、張力は約2.9 kN（0.3tf）に変化し、弛度は約1.6mとなります。したがって弛度は標準温度15℃に対して1.6－0.6＝1.0mとなり1.0mも増加します。

図表2-24　斜め腕金の例

≫電線とがいしは横になびく

　架空電線の設計に、クリアランス・ダイアグラムの検討があります。架設した電線は重量（垂直荷重）により鉛直弛度が発生し、風圧（水平荷重）により水平弛度が発生します。ほかにがいしの自重による垂直荷重、電線の横張力とがいし等の風圧による水平荷重があります。

　電線は鉛直弛度と水平弛度のベクトル和の位置で、がいし連は径間の全垂直荷重と全水平荷重のベクトル和の角度で平衡を保ちます（42の項参照）。

　垂直荷重と水平荷重の平衡状態を作図したものを、クリアランス・ダイアグラムと言い、作図により支持点の接地離隔や径間中央の振れ幅を検討します。

　電柱長さを節約する目的で斜めの腕金を設備し、強風で接地したため、継柱して水平腕金に変更した例がありました（図表2-24）。

コラム⑦　まず列車を通す

　鉄道において起こしてはならないのが事故です。
　予期しない電車線路事故（トラブル）が発生したとき、事故の内容をきちんと把握した後に最も優先すべきことは、設備の仮復旧により運転再開をいかに早く行うかです。この運転再開のことを「列車を通す」と言います。
　事故発生によるダウンタイム（事故発生から回復までのロス時間）の多少により、利用者の迷惑度が大きく違います。
　これを最小限にすることが非常に大切になりますが、そのためにやるべきことが、設備の応急措置による仮復旧です。
　応急措置は本復旧までの処置ですから設備は完全ではないので、列車の速度規制（通常速度より遅い速度）により安全を確保しながらの運行となります。したがって、ダイヤ通りではないので提示時刻よりも遅れますが、**まず列車を通す**ことはできます。
　事故発生時から仮復旧までのダイヤグラムを簡単に示すと、次のようになります。
　事故発生→発見者から近隣の駅・関係事務所・指令への通報→指令から現業グループ・管理所へ通報→指令から現業グループへ出動と復旧の準備指示→現業から事故確認のため一次出動→事故確認者から指令及び現業へ詳細報告→現業グループで復旧材料の手配と復旧作業員の招請→事故現地へ出動→事故復旧作業着手となります。
　事故の規模により本復旧できる場合もありますが、ほとんどは仮復旧が前提となりますので、**まず列車を通す**作業となります。本復旧は夜間の列車を運行しない時間帯の線路閉鎖間合い（列車や車両を入れない限定区間）やき電停止間合い（停電）で実施します。
　本復旧ができた後には、必要な場合には他現場の同様設備の再点検を行い、顕在的（はっきり目に見える形）要因の特定で再発事故防止を図ります。また、設備の潜在的要因の調査を行い、他現場においても水平展開で未然防止を図ります。
　事故復旧をスムーズに行うためには、常日頃からトラブル時に備えての心構えが必要です。そのためには、支持物、き電線、電車線、諸設備等のそれぞれについて、復旧方法の確認及び訓練の実施や復旧に必要な機材・器具を準備しておくことが大切です。
　事故防止対策は常日頃から心がける大切な基本ですが、事故発生時の初動対応では「**まず列車を通す**」ことに留意することが肝要です。

第3章 電車線のはなし

29 電車線のしくみ

　電車線構造の中で最も代表的な形をシンプルカテナリ方式といいます。
　一番下に直線状に張られているのがトロリ線で、電気車のパンタグラフが常時こすりながら電気を受取っている導体です。そのトロリ線を水平に保つために一般的に5mを標準としてトロリ線を吊っているのがハンガです。さらに、トロリ線やハンガ等の重量を支持しながらトロリ線を水平に保つ役割をしているのが、ちょう架線です。また、トロリ線の偏位を保つために曲線引装置や振止装置が必要となります。
　電車線には大きな張力が常時かけられていますが、その大きな張力を一定に保つために、電車線にはバランサを設備します。このバランサがないと長い距離の電車線の張力を一定に保つことが難しくなります。

① トロリ線

　トロリ線は、電気車のパンタグラフが常時接触しながら電気を受取っている導体で、付属金具類が取付けられるようにみぞを付けた「みぞ付き硬銅トロリ線」と呼ばれ、一般的には断面積が110mm^{2}や170mm^{2}の電気抵抗の少ないものが使われています。
　電気車が高速で走る際に、パンタグラフがトロリ線から離れることのないように、トロリ線を線路と平行になるように設備する必要があります。パンタグラフとトロリ線とが常に密着することが、安定した集電を行う最も大切な条件です。

② ハンガ

　電車線をカテナリちょう架式によりちょう架する場合は、ハンガは5m間隔を標準として設備され、ちょう架線を介してトロリ線を吊っています。

③ ちょう架線

　トロリ線やハンガ等の重量を負担して、トロリ線を水平に保つ役割をしているのがちょう架線で、一般的には断面積90mm^{2}や135mm^{2}の亜鉛メッキ鋼より線が使われています。最近では、き電線の役割を兼ねる

「き電ちょう架線」として、断面積356mm²等の硬銅より線が使用されています。

④曲線引装置

曲線引装置は、曲線箇所などでトロリ線を曲線の外側へ引いて固定させる設備です。線路は円曲線状に設備できますが、電車線は張力があるため曲線状に設備できないので、多角形状に設備しています。このため電車線の支持箇所には必ず曲線引装置を設けますが、その設備箇所は線路の曲線半径により、30mから50m間隔としています。

⑤振止装置

振止装置は、直線路に設け、トロリ線の横振れを止める設備です。トロリ線は無風状態では設備された位置にありますが、風圧を受けると横方向に移動してしまいパンタグラフとトロリ線との接触が保てなくなるために設けます。

また、曲線半径が大きな箇所に曲線引装置を設備した場合、曲線の内側からの風圧により横張力が打ち消され、曲線引金具や付属金具等が緩んでしまいます。その結果、パンタグラフが金具等に衝突する事故を起こすおそれがあるため、直線区間及び曲線半径1600m以上の曲線区間には振止装置を設備します。

⑥張力調整装置

電車線及びちょう架線には、適当な間隔で張力調整装置（新幹線の本線の電車線路にあっては、自動張力調整装置）を設けることになっています。この装置は仕組みや構造上の面で幾多の変遷がありました。

⑦トロリ線を水平に保つ仕組み

トロリ線を常に水平に保つには、ちょう架線・トロリ線それぞれの張力とハンガ等の重量及び支持点間の距離（径間）が関係します。これらの条件を加味して弛み量を算出し、架高（電車線支持点のトロリ線とちょう架線の間隔）とハンガの長さを決め、トロリ線をレールから一定の高さに保ちます。この仕組みをカテナリ構造と呼んでいます。

30 電車線の形とスピード競争

よい電車線とは「パンタグラフとトロリ線が常に良好な接触状態を保ち、切れ目なく電気を受け渡しできる設備」といわれ、次のような3つの要素があります。
　①トロリ線の高さがレール面から一定であること
　②トロリ線の張力が一定であること
　③パンタグラフの押し上げ力にトロリ線がしなやかに応答すること
基本的な3要素のバランスが取れた設備が理想ですが、様々な条件が混在するため満足することは非常に難しい課題です。これ等の性能と経済性を考慮して実用化された電車線について、電車線の形別にスピード競争を試みました。

≫電車線の形（架線方式）と速度領域（図表3-1）
①直接ちょう架式（直吊式）
　トロリ線1本の架線で建設コスト節減可能な設備
②剛体ちょう架式（剛体式）
　T形アルミ導体又は導電鋼レールを使用、狭いトンネル内等に設備可能でトンネル工事を含めてコスト節減可能な設備
③シンプルカテナリ式（SC式）
　吊架線とトロリ線の2本で構成した経済的な設備
④ツインシンプルカテナリ式（TS式）
　シンプル架線を2組並べ容易に高速化可能な設備
⑤ヘビーシンプルカテナリ式（HS式）
　シンプル架線を太径化し経済的に高速化可能な設備
⑥コンパウンドカテナリ式（CC式）
　吊架線と補助吊架線及びトロリ線の3本で構成した高速化可能な設備
⑦インテグレート式（IG式）
　き電線と電車線を一体化した低コストで高速化可能な設備

架線方式	設備写真	架線構成及び標準的線種の例　mm²			速度領域
		吊架線	補助吊架線	みぞ付トロリ線	
直吊式		—	—	110	低中速
剛体式	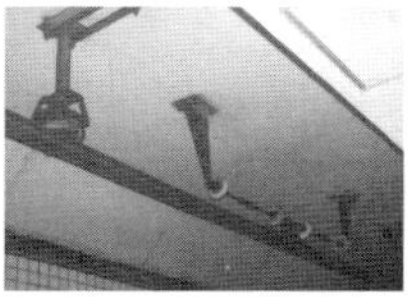	アルミ導体	—	110	高速
		導電鋼レール	—	—	
SC式		亜鉛めっき鋼より線 90	—	110	中速
TS式		亜鉛めっき鋼より線 90×2本	—	110×2本	中高速
HS式		亜鉛めっき鋼より線 135	—	170	高速
CC式		亜鉛めっき鋼より線 135	硬銅より線100	170	高速
IG式		硬銅より線 356×2本	—	170	中高速

図表3-1　架線方式と速度領域（新幹線は除く）の概要

31 電車線の伸び縮みとその調整

　電車線の設備を構成する線条は、標準的にはちょう架線には亜鉛メッキ鋼より線、トロリ線には硬銅トロリ線が使用されています。
　この亜鉛メッキ鋼より線と硬銅トロリ線とでは、線の伸び縮み量を左右する線膨張係数が異なり、硬銅トロリ線が亜鉛メッキ鋼より線の1.4倍ほど伸縮します。この伸び縮みの差が、電車線としての性能に大きく関係します。

≫伸び縮みでの影響と張力を調整する装置

　標準温度のときに、ちょう架線・ハンガ・トロリ線の関係を一定にしておいても、温度変化があると電線の伸び縮み量が異なるため、バランスが大きく崩れてしまい、トロリ線が弛んだ状態や張り上がった状態になってパンタグラフとの接触が悪くなり、電気を良好に授受できない状況、いわゆる離線が発生したりトロリ線の異常な摩耗が発生し、電気的にも設備的にも悪影響を与えることになります。
　これらの現象を防ぐために、電車線の張力をコントロールし、電車線とパンタグラフとの接触を良好に維持する張力調整装置という優れものがあります。

①自動張力調整装置

　本線および本線と交差する電車線並びにトロリ線等の両側または片側に設備し、滑車式又はばね式が設備されていますが、現在では大きな張力にも適用できるばね式が主流となっています。
　また、線区の状況によって、ちょう架線とトロリ線を一括して調整する方式とトロリ線のみを調整する方式があります。

②手動の張力調整装置

　自動張力調整装置を必要としない場合には、調整用金具を設備しますが、温度変化には追随できないので、温度変化が大きくなる時期に手動で調整するメンテナンスが必要となります。

電車線の引留め区間は、直線では最大1600mにも及ぶため、両引きの張力調整装置なしではパンタグラフとトロリ線との接触状態を良好に維持することはできませんので、重要な役割を持っています。
　張力調整装置の設備箇所とその稼動状況を図表3-2〜図表3-4で紹介します。

図表3-2　滑車式バランサ

図表3-3　ばね式バランサ

図表3-4　手動の張力調整装置

32 電車線はなぜ裸か

　私たちの身近にあり、特に注意しなくとも目に付くのは生活に必要なエネルギーを供給している電力会社の配電線です。

　近頃、大都会では配電線のケーブル化が進み、電線がかなり少なくなってごみごみした設備がすっきりして美観も良くなって来ました。しかし、総体的には配電線は電柱に張り巡らされているのが現状です。景観の見直しの観点から、配電線や通信線をケーブル化して地下に埋設する方向で推進していましたが、ケーブル埋設化には多大な工事費が必要となります。

　現状の配電線は、被覆されていて裸線はまず目にすることはないでしょう。被覆線には建物等の接地物との絶縁、電線相互の接触による混触防止等のメリットがあり、一方裸線は安価で熱放散も良いという特徴がありますが、大勢は絶縁線の方向になっています。

≫裸線でなくてはならないトロリ線

　ところで、電車線はなぜ裸線なのでしょうか。中でも絶対に裸線でなくてはならないものにトロリ線があります。トロリ線は、電気車のパンタグラフが常に接触してしゅう動し、電気を授受しますから裸でなくてはならないものなのです。

　一方、き電線やちょう架線はどうでしょうか。電気供給源の役目を持つき電線は、電車線路設備の電柱やビームの最上部や側部に設けられることから、接地の危険性の観点からは被覆である絶縁の方が良いといえます。また、ちょう架線は電気を供給する役目ではなく、トロリ線とパンタグラフとの接触状態を良好に維持する、機械的な働きを持たされています。過去に発生した循環電流と呼ばれる電気回路の不具合の観点からも、絶縁された電線である方が良いといえます。では、なぜ裸線なのでしょうか。

①き電線の場合
(1) 鉄道の敷地内であるため、建造物との接触による接地問題が比較的少ないので、絶縁のための被覆の必要性がない。
(2) 太径のため絶縁被覆とすると工事がやりにくくなる。
(3) 材料費が高くなる。
(4) 被覆にすると電流容量が小さくなりさらに太径となるため、材料費や工事費が高くなる。

等の問題があるため、裸線が適しているといえます。

②ちょう架線の場合
(1) 電車線特有の振動により、数多く取り付けられている付属金具付近で被覆が破損すると、循環電流が流れ断線する危険性が高くなる。
(2) 材料費が高くなる。

等の問題が発生するため、メリットはあまり無いといえます。

≫被覆電線(ケーブル)が使用されている設備

電車線路設備で被覆電線が使用されている設備もありますが、次のような場合です。

①き電線
(1) 電車線本体の設備に添架できないため、線路際のトラフ内にケーブルで設備する場合。
(2) 一時的に電車線本体の設備に添架できないため、線路際に電線管等を仮設してケーブルで敷設し、将来的には本設備に戻す場合。

②帰線
　電気車で使われた後の電気は、変電所の近傍で帰線ケーブルにより変電所に帰りますが、この設備は唯一といえる被覆電線です。現状での電車線路設備の被覆線は、限定されているのが実態ですが、電車線路設備に添架されている高圧配電線は絶縁被覆が主流です。

33 電車線の高さ

　この分野では、「電気設備の技術基準」や「旧普通鉄道構造規則」、そして新省令も「電車線の高さ」という言葉を使います。「電車線の高さ」とはレール面上のトロリ線の高さのことです。

≫電車線の高さについてその歴史的な背景

　旧来の日本国有鉄道建設規程では、架空電車線の高さは軌条面上5200mmを標準とするよう定められていました。これは車両の集電装置（パンタグラフ）と架空電車線との関係を考慮して、約17フィートを標準とする外国の標準を換算し適用したものといわれています。

　当初、「解説　鉄道に関する技術基準」の解釈基準では、「普通鉄道（新幹線を除く。）における架空単線式の電車線のレール面上の高さは、5メートル以上5.4メートル以下とすること」となっていました。この最高高さ5.4メートルは停車場で荷物の積卸し作業のあった時代は5.5mとなっていましたが、その必要がなくなって5.4メートルとなった経緯があります。

　電車線の高さの基本は、「新幹線鉄道の電車線の高さは、レール面上5メートルを標準とし、4.8メートル以上とすること。」となっています。また、「普通鉄道（新幹線を除く。）における架空単線式の電車線のレール面上の高さは、5メートルを標準とし、直流にあっては4.4メートル以上、交流にあっては4.57メートル以上、踏切道に施設する場合にあっては4.8メートル以上とし、かつ、それぞれ、走行する車両のうち集電装置を折りたたんだ場合の高さが最高であるものの高さに400ミリメートルを加えた高さ以上とすること。」となっています。

　なお、跨座式鉄道及び浮上式鉄道の剛体複線式電車線の地上面上の高さ、無軌条電車の電車線の地上面上の高さ並びに鋼索鉄道の踏切道における電車線のレール面上の高さについては、別に定められています。

≫ 高さを減ずることができる条件

次のような場合には、高さを各々に定める数値まで減ずることができます。

(1) 主として地下式構造、高架式構造等、人の容易に立ち入ることができない鉄道。

(2) トンネル、雪覆い、こ線橋、橋りょう、プラットホームの上家ひさしその他これらに類するものがある場所及びこれらに隣接する場所。

(1)および(2)の場合（(3)に該当する場所を除く。）は、走行する車両のうち集電装置を折りたたんだ場合の高さが最高であるものの高さに400ミリメートルを加えた高さまで減ずることができる。

(3) トンネル、雪覆い、こ線橋、橋りょう、プラットホームの上家ひさしその他これらに類するものがある場所及びこれらに隣接する場所。かつ、踏切道である場合は、直流の架空電車線にあっては、4.65メートル以上の高さで、かつ、走行する車両のうち集電装置を折りたたんだ高さが最高であるものの高さに400ミリメートルを加えた高さまで減ずることができる。

「400ミリメートル」は、車両が力行走行中に集電装置を電車線との接触状態から引き下げるとき、発生するアークを遮断できる離隔として定められており、変電所にアーク地絡等の故障を検知してき電を遮断する保護装置がない場合に適用される。

さらに、当該き電区間をき電停止した後に、パンタグラフを降下させることによりパンタグラフで負荷電流を遮断しないようにする方法や故障を検知してき電を遮断する保護装置がある場合には250ミリメートルまで短縮できることになっています。

≫ 踏切道の電車線の高さ

踏切道における電車線の高さは道路構造令で制限する高さ4.5メートルに交流では0.3メートル、直流では0.15メートルの電気的最小離隔距離を加えた高さを最低限確保することとしています。

34 電車線偏位とパンタグラフの関係

電車線（トロリ線）は、パンタグラフによる集電を確実にするため、常に一定の範囲でレール上にセットされている必要があります。一定範囲という条件には高さの要素と左右の偏位があり、いずれも動くパンタグラフと固定しているトロリ線との相対関係で決められその値は以下によります。

①車両設備の条件
・有効作用高さは4.2mの折畳み高さから5.8mの突き放し高さの範囲です。
・有効集電幅（すり板の幅）は、片側550mmでほかに、車両動揺があります。

②地上設備の条件
・許容高さの静的標準値は4.55～5.4mでほかに、押上がり量があります。
・許容偏位の静的標準値は片側0.25mでほかに、動的な風圧偏位があります。

③相互に不可分の関係
・車両条件の有効集電幅は、多様な車種の統一などから変え難いことから比較的変え易い地上設備で対応しています。
・地上設備側で対応する場合、許容偏位等の調整方法がポイントになります。
・具体的には支持物のスパン割りのとき、径間短縮で対応しています。
  次に、車両と地上設備について具体的な値（概数）を上げてみます。

④パンタグラフの条件
　軌道条件及び車両動揺等から見た偏位量の求め方と概数値は、次のような値となっています。
・カントによる最大偏位：約0.5m
・車両動揺による最大偏位：約0.15m
・集電有効幅：片側約0.55m
・パンタグラフ有効幅：片側約0.65m（図表3-5）

図表3-5　有効幅の概要

⑤支持物径間などの条件
支持物の径間と支持物強度などから見た偏位量の求め方と概数値
- 曲線による偏位は約0.2m→径間短縮で縮小できる要素
- 電車線風圧による偏位は約0.2m→径間短縮で縮小できる要素
- 可動ブラケット等の回転による偏位は約0.05m
- 支持物のたわみによる偏位は約0.1m

⑥集電可能な条件の設定
運転時に発生する各種偏位の値で、調整可能な要素は「曲線による偏位」と「風圧による偏位」のみです。具体的な調整方法は「支持物の径間の縮小」が効果的であり、50mの標準径間を45mとするなど工夫されています。一方、車両動揺と支持物の撓み及び電車線の温度変化に伴う伸縮により発生する偏位は調整できない事柄です。

⑦トロリ線と摺板の摩耗を軽減する工夫
トロリ線とパンタグラフの摺板は、集電行為により摩耗するという宿命がありますが、両者の摩耗をできるだけ少なくする方法は永遠の課題であり、次のような工夫が実用化され、大きな効果を得ています。
◆両者の摩耗特性は相反するものであり、互いに最良のコストパフォーマンスとなる材質として、錫合金トロリ線とカーボン系摺板を組み合せた例があります。
◆トロリ線偏位を支持点毎に左右に変化させて設備し、摺板の集電位置を絶えず変える方法で局部摩耗を無くす工夫があります。
これは「トロリ線のジグザグ偏位」と呼ばれ、パンタグラフ摺板の取り替え周期を大幅に改善しています。

35 駅構内の複雑な電車線

　大きな駅はホームからではその複雑さがよくわかりませんが、ホームから外れた両サイドの線路は、本線の他に側線やわたり線及びポイントが複雑に入り混じって構成されているのが判ります。一方上を見ると、線路とは比較にならないほどに、電線や付属の設備がごちゃごちゃと絡み合っているのがわかるでしょう。

　あんなに複雑な電車線設備があるところを、電気車のパンタグラフが、何事も無くスムーズに通り抜けて行くのは不思議だと思う方もいると思います。実は事故を起こさないで、スムーズに通過できるための様々な工夫がされているのです。そのいくつかを紹介します。

①交差するトロリ線の上下関係

　本線は列車速度が高いためトロリ線の押上げが大きく、交差する線や付属金具も同時に押し上がるため本線のトロリ線を下側とします。その理由は、もし本線のトロリ線を上側とすると、高速で通過するパンタグラフはこの箇所で必ず交差するトロリ線に当るため、割込み現象を起こし、パンタグラフや電車線金具を破損してしまう恐れがあるためです。

　大きな駅構内では優等列車も停車しますが、待避列車の発着を目的とした線路も多数あります。それぞれの線路に対して「わたり線」が必ずありますが、この場合も主要線をわたり線に対して下側に設備します。

②交差箇所のサポート

・わたり線装置

　トロリ線が交差する位置（ポイント付近）には交差金具をつけて、パンタグラフの通過時の、トロリ線相互の高低差を押さえる役目を持たせています。このほか電気的な接続金具等も含めて「わたり線装置」と呼んでいます。

・設備の要注意範囲（図表3-6）

　わたり線装置付近では、支障の原因となる次の設備を原則として禁止し、止むを得ない場合はそれぞれの条件を満たす設備とします。

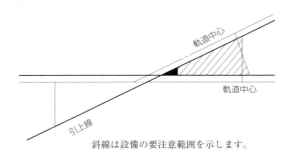

斜線は設備の要注意範囲を示します。

図表3-6　設備の要注意範囲

①曲線引金具
　⇒わたり線装置用を使用する。
②振止金具
　⇒斜線の外方へ引く設備とする。
③フィードイヤー・コネクタ
　⇒交差する点から本線・わたり線間の定められた範囲内に設備する。
④ダブルイヤーによる接続⇒トロリ線の接続箇所をわたり線付近に設ける場合は、相対する軌道中心から定められた離隔以上の位置とする。

③電気回路としてのサポート

　電車線の電流回路には、トロリ線以外のちょう架線や架線金具等に流れる循環電流があり、もし不完全接触があるとその箇所にアークが発生し、その熱による金属の溶融や軟化の原因になります。このため、ちょ

図表3-7　線路の分岐器

図表3-8　わたり線装置

う架線が断線するなどの事故が多発した例があり、その後徹底した対策が講じられました。

　その基本的な考え方は、電気的につなげるものは完全に接続し、電気的に離すものは完全に絶縁するという考え方です。

　図表3-7、図表3-8は線路の分岐器とその上部の電車線のわたり線装置を示す写真です。

　図表3-7のように、線路に分岐器がある場合、電車線には必ず図表3-8のような「わたり線装置」が設備されています。

コラム⑧　電車線路にまつわる教訓

　電車線路の仕事をしていると、やはりトラブルにまつわる話題が多いです。設計上のミスや現場での線路閉鎖や停電に絡むミス、作業上のミスです。

　常々思うことは、電車線路は、設計と現場が密接で良好なコミュニケーションを図るとトラブルも減少するようになるのではないかと考えます。

　そのためには、双方の重要なキーワードである、「**現場のことは現場に聞け**」「**近道をするな**」「**良好なコミュニケーション**」を取り上げました。

1 現場のことは現場に聞け

　現場とは現場事務所や作業現場（環境、設備）のことです。

　電車線路の仕事は作業手続き、関係個所との打合せ、協力会社との連絡・調整、記録の整理、作業監督、列車ダイヤ情報など多くの情報を処理し、日々の業務を安全・確実に行っています。

　そこで重要なことは、**現場の担当者**です。常に現場に出向くことが肝要です。そして現場担当者の知識・経験・ノウハウから学ぶことは、トラブル防止にも役立つと考えます。

2 近道をするな

　電車線路工事は、日々の工事と工事工程は背中合わせになっています。いろんな事故が起きると、その背景には近道の問題があります。

　余裕がなくなると、人間の常として近道をするようになります。停電前に電柱に登り感電したとか、停電時間ギリギリまで作業を行い間に合わなくなり、列車運行に支障をきたしたなどです。結果はトラブル又は事故の原因になります。工程管理で心にゆとりを！！

3 良好なコミュニケーション

　良好なコミュニケーションは、トラブル防止になります。鉄道はシステム産業であるともいわれています。土木、建築、軌道、運転、電車線路以外の電気の系統とのコミュニケーションにより、「**人**」と「**仕事の内容**」が密になり、トラブル発生後にはもっと早くコミュニケーションをとっておけばと反省しきりです。

36 あんなに細いトロリ線はどのくらい強いのか

　トロリ線は直接パンタグラフに接触して、電気車に電気を供給しています。このトロリ線の直径は、たった12mm程度の細い電線です。

　トロリ線は、電気車が高速で車両15両をも引張っていけるような電気を供給できるパワーを持っています。小さな巨人です。また、機械的な強さは、約40kN（4.1tf）（みぞ付きすず入硬銅トロリ線110mm^2）で、70人程度の人間がぶら下がっても破壊されない強さを持っています。

　トロリ線の歴史については、規格の原形がイギリスで制定され、その後アメリカ、ドイツ、日本などが同じ規格で普及したといわれています。日本では1895年、京都電鉄に導入したトロリ線が国産第1号です。外国（イギリス、アメリカ、フランス等）においても概ね直径が11mmから15mm程度が一般的に使用されています。

　このトロリ線は、路線の重要度、電化方式（直流、交流）等によって、いろんな形状があります（図表3-9）。重要な路線は、一般的に太く、強くなっています。

代表的なトロリ線の種類	トロリ線の形状	特　徴
みぞ付き硬銅トロリ線 （GT）		①JR、民鉄等一般的に使用される
みぞ付き銅覆鋼トロリ線 （CSトロリ線）	鋼線 銅	①新幹線の高速運転に使用 ②高張力が可能なため波動伝播速度が大きい
みぞ付きアルミ覆鋼トロリ線 （TAトロリ線）	アルミ 鋼	①高張力が可能なため波動伝播速度が大きい ②新幹線、在来線に使用

図表3-9　代表的なトロリ線の種類

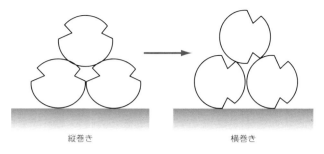

図表3-10　横巻きトロリ線

　トロリ線は、電気を通りやすくするために銅系のトロリ線が主に用いられます。また、パンタグラフとの接触による摩耗を少なくするために、材質も硬銅、銅合金（すず、銀）、鋼線に銅を被覆したもの（CSトロリ線）、鋼線にアルミを被覆したもの（TAトロリ線）があります。また、特殊なものではトロリ線が断線した時にトロリ線の中に入っている絶縁した電線も切断し警報を発するようにした、警報線入りトロリ線があります。

　長野新幹線では、CSトロリ線110mm^{2}が設備され、パンタグラフとの振動を少なくするために高張力で引張り、高速運転を可能にしています。

　また、トロリ線は、パンタグラフが高速で接触すると摩耗が発生します。この摩耗が局部的に発生することもあり、これは、トロリ線のドラムの巻き方にも一因があることがわかりました。

　従来は、縦巻きでしたが、図表3-10のように巻き方を横巻きにすることにより、トロリ線の下面に巻きぐせが出にくくなり、局部摩耗の一つをなくすことができ、広く使用されています。

37 区分装置のいろいろ

　区分装置（セクション）は、電車線の上下線のき電系統区分、位相区分、交直流区分、工事や作業間合いの確保のための停電用区分、事故発生時の限定区分、本線と大駅や運転所との車両運用上の区分、運転所の車両検修線別の必要性等から設けられています。

≫セクションの設置位置
　必要なセクションですが、「解説　鉄道に関する技術基準」によって絶縁区分をしてはならない場合があります。
　パンタグラフによる異系統区分への短絡防止のため、電気車が停車する可能性のない箇所に設けなければなりません。短絡することによる問題として、両区間の電位差による負荷電流が原因で、トロリ線の温度上昇により断線事故となる危険があります。また、き電停止中の区間に電気を送ってしまうケースでは、工事や作業を行っている人の感電事故にもつながることになります。稀な例ですが、長い絶縁物のデッド・セクション内にパンタグラフがある状態で停車すると、電気車が起動不能になります。このためセクションの設置位置は、信号機の位置とも密接な関係にあるので、その関係が細かく決められています。

≫セクションの構造
　セクションには電車線を平行に設備して構成するエア・セクションと、絶縁物のインシュレータを挿入した構造の2種類があります。

≫セクションの種類と使い方
①エア・セクション
　高速で運転される本線路用で、平行する電車線が1径間と2径間のものがあり、双方のちょう架線及びトロリ線ともにがいしで区分します。平行する電車線間隔は絶縁離隔距離をとっていますが、双方の電線間に

図表3-11　セクションインシュレータの例

図表3-12　交直セクションの例

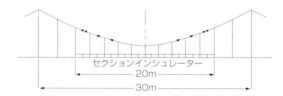

図表3-13　交直セクションの構造例

は何も絶縁物が介在しない状態、すなわちエアーが絶縁物となっていることから、エア・セクションと呼ばれています。なお、新幹線のエア・セクションの絶縁離隔距離は在来線よりも大きくしています。

②セクションインシュレータ

　直流の区分用、交流の異相用には当初赤樫を加工したインシュレータ（ウッドセクション）が多用されていましたが、品質管理及び樫材の資源確保の難しさ等からFRPが絶縁材として開発され、規格化以来今日に至っています（図表3-11）。

③デッドセクション

　交流の異相用又は直流と交流の異電源区分用のセクションの名称で目的に応じて8～20mの無電圧区間を構成しています（図表3-12、図表3-13）。

38 電車線金具

　電車線金具とは電車線やき電線（帰線を含む）に使用する金具をいいます。小はボルト、ねじから大は可動ブラケット、区分装置、自動張力調整装置（滑車式、ばね式）等まで多種多様にわたります。また、輸送量の増加に伴う大電流、列車速度の上昇、電車線の不具合、材料の開発等を受けその進歩はめざましく、常に電車線路用金具の不具合は事故に直結することから、電車線金具は電車線路設備にとっては重要な部品なのです。

　電車線金具の機能は、支持、調整、引留、電流の分岐・通電、絶縁区分があります。また、具備すべき条件としては①構造が簡単で取扱いが容易なこと、②重量が軽くトロリ線の硬点とならないこと、③強度、耐食性が大で寿命が長いこと、④価格、保守費の軽減が図られることです。

　代表的な電車線金具を以下に示します。

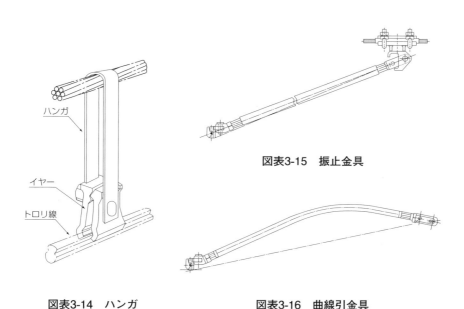

図表3-15　振止金具

図表3-14　ハンガ

図表3-16　曲線引金具

①ハンガ

　ハンガは電車線金具の中で使用個数が最も多い金具であり、ハンガとイヤーから構成されています。これは、トロリ線をちょう架線又は補助ちょう架線に吊るために用いられる金具で、数種類のものがあります（図表3-14）。

②振止金具

　振止金具は、曲引金具と同様にパンタグラフに対して一番接近するため、特段の配慮が要求される金具です。これは、直線区間においてトロリ線をパンタグラフから外れない位置に保つために用いる金具です（図表3-15）。

③曲線引金具

　曲引金具は曲線やレールの分岐する箇所において、トロリ線をパンタ

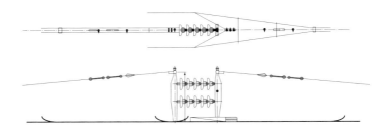

図表3-17　セクションインシュレータ

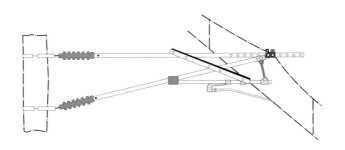

図表3-18　可動ブラケット

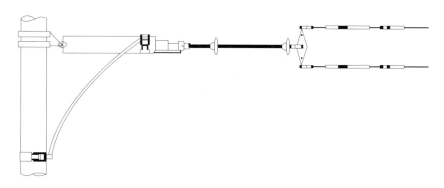

図表3-19　バランサ（ばね式）

グラフから外れない位置に保つために用いる金具です（図表3-16）。
④セクションインシュレータ
　セクションインシュレータは駅構内等の電車線を部分的に停電させるために使用される装置です。セクションインシュレータは構造が複雑で、調整に技量を要する設備の一つです（図表3-17）。
⑤可動ブラケット
　可動ブラケットは、電車線の線路方向の動きを自由にし、上下方向の移動調節も可能とした片持ばり（ブラケット）です（図表3-18）。
　ちょう架線やトロリ線の張力調整が容易なため高速区間用に使用されます。
⑥バランサ（ばね式）
　バランサ（ばね式）は、自動的に電線の張力を一定に維持するために用いられる装置です。これは、電車線のメンテナンスや高速運転には必須の装置で、広く使用されています（図表3-19）。

39 電車線材料や金具が腐食したときはどうなるのか

　電車線材料や電車線金具が腐食、障害が発生して、電気車を長時間にわたって停めることがあります。以下に代表的な対策を紹介します。

①**ちょう架線**

　ちょう架線や支線に使用されている亜鉛めっき鋼より線には、経年による大気腐食があります。溶融亜鉛めっき（鋼材を溶かした亜鉛に浸し、表面に亜鉛の皮膜を作る技術）を施した亜鉛めっき鋼より線であり、経年によって亜鉛めっき層から鋼線部分へと腐食が進展し、電線の強度が低下します。亜鉛めっきの耐用年数は重工業・工業地帯は4～8年程度、海岸地帯は10年程度、田園地帯は15年程度と暴露される環境によってばらつきがあります。

　したがって、亜鉛めっき鋼より線の寿命は環境によってばらつきがあり、重工業・工業地帯の腐食被害は著しいものがあります。また、ちょう架線は大気腐食のほかに電線の支持点、ハンガや2つ以上の電線を接続するコネクタとの接触部分で振動による摩耗によっても腐食被害に差が出ます。対応としては、電線の保全管理により、電線の腐食状況により張替え等の処置を行います。

　亜鉛めっき鋼より線は安価で高強度を有するため広く使用されていますが、近年、電流容量、耐腐食性、高強度の観点からき電ちょう架線のように銅線が使用されている例が多くなっています。

②**電車線がいし**

　海岸に接近した区間の電車線がいしについては、台風や季節風で運ばれた海水の塩分がいしに付着して絶縁を低下させ、アークによる接地故障を発生させます。対応としては、がいしの個数を多くする絶縁強化、がいしの洗浄、撥水性の物質であるシリコンコンパウンド塗布等の対策があります。

③**電車線金具**

　電車線金具のハンガイヤー、振止金具、曲線引金具等には、アルミニ

図表3-20　腐食し始めた篭形ビーム

ウム青銅が多く使用されています。この材料の特徴は、耐腐食性、高強度、耐摩耗性に優れ、鋳物であるため加工し易いことです。

　ステンレス鋼はハンガイヤーのバー、ボルト・ナット等に使用されています。この材料は、耐食性、加工性、溶接性に優れています。

　この他にき電線の分岐接続管の例でも示したように電車線金具についても、異種金属接触腐食の問題があります。この接続部に導電性のコンパウンドを塗布して、水分の浸入を防止する等の処置をしています。

④鋼材

　ビーム、腕金、鉄柱等の鋼材の腐食防止については、溶融亜鉛めっきを厚くすることにより、鋼材の耐用年数を長くすることができます（図表3-20）。

40 緩んだり疲れたりする電車線の金具

　電車線はトロリ線を中心に、ちょう架線や補助ちょう架線などの電線と、それらを有機的に結合する多くの部品で構成されています。
　その部品には、カテナリを構成するハンガ・ドロッパ、電流回路を構成するフィードイヤー・コネクタ、偏位を固定する曲線引金具・振止金具等があります。
　いずれの部品も電線と結合する部分を一般にイヤーと呼びますが、結合のメカニズムにはボルト式、くさび式、圧縮式などがあります。圧縮式は原則として着脱のない部品に、くさび式は取替作業のある部品に使われますが、くさび式は緩みやすいため、現在は袋ねじのボルト式が多く使用されています。
　ここでは保全作業の際必ず着脱や付け替えを伴う部品等に多数使用されているボルト類の緩みと、電線類の疲労現象などについて紹介します。

≫ボルト締イヤー類は必ず緩む
①振動でボルトが緩む
　電車線のなかでもトロリ線は、常にパンタグラフによる集電の振動、風による振動などを受けています。このためトロリ線に部品を固定しているイヤー類は、取付けたときから緩み始めていると言われています。この現象は結合部のリラクゼーション（部品間のなじみのようなもの）によるものと考えられています。
②トロリ線が痩せてボルトが緩む
　トロリ線は、一定の架設張力によって常時大きな引張力を受けていますが、摩耗が進むとこによって、単位面積当たりの応力度は次第に大きくなります。
　したがって、架設張力は摩耗限度の断面積に対する応力度に、安全率2.2を見込んで設定されています。
　一方、大きな引張力を受けている銅線は、その物性から少しずつ伸び

が生ずるという問題があり、張替え周期の中間期に「永久伸び」を端末で切詰めています。トロリ線はこの永久伸びにより痩せることからも、イヤーの締付けボルトが緩むと考えられています。

③対策の例
・緩み防止策：ボルト・ナットにばね座金の使用や回転止め機能を組込む。
・緩み対応策：締付けボルトは一定期間毎に追締めを施工する。
・緩み判定方：基本は追締めトルク等により適切な周期を把握する。
・単純な方法としてペイントマークで緩み状況をチェックするのも有効です。

≫電線は疲労で破壊する

電線類は繰返し応力で破壊することがありますが、よくペンチが無い

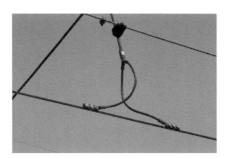

図表3-21　捻回式き電分岐の例

図表3-22　O形コネクタの例

ので針金を何回も手で折り曲げて切るときの原理です。許容応力に近いような応力では少ない回数で破壊しますが、許容応力より極めて小さな応力でも何万回レベルの回数になると破壊することが判っています。

① **フィードイヤー・コネクタの素線切れ**

フィードイヤー及びコネクタ金具は、いずれの部品も集電による押上げで、イヤーのリード線取付け部に曲げ応力が発生する構造です。

この部分を強くすると曲がり難く集電上の硬点に、弱くすると曲げ応力で疲労し易くなるため、利害が相反する性質の部位です。集電性能は最も重要な要素のため、リード線を柔らかくした捻回式フィードイヤー、又はリード線に細い編み線を使い、取付け部を銅版で補強したO形コネクタ等が使用されています（図表3-21、図表3-22）。

③ **トロリ線の疲労破断**

トロリ線は常に架設張力による大きな引張り応力と、パンタグラフの押し上げによって値は極めて小さいものの、膨大な回数の曲げ応力を受けています。

新幹線の交差金具イヤー部で、トロリ線が大きな曲げ応力を受けていたため、十分な残存径のあるトロリ線が疲労破断した例がありました。

対策は、交差金具のイヤー部にヒンジ構造を設け、トロリ線の曲げ応力を低減すること、電車のパンタグラフ数を少なくなし曲げ回数を減らすことでした。

41 き電線のない電車線

　直流区間では電圧が小さく電流が大きいため、電車線の他にき電線が必要になり、設備全体が重厚な設備になります。

　従来、都心部の電車線は電流容量を増加させる目的で、き電線の増強とシンプルカテナリ方式の電車線を2個並列にしたツインシンプルカテナリ方式化が進められてきました。さらに、この設備の上部には、駅や信号機等の電源である高圧配電線が設備されているため、図表3-23のように重々しく複雑な設備となっています。

　また、電車線の工事や保守作業は営業終了後、深夜の2、3時間程度で行っているのが実情です。従来、この作業は「はしご作業」による人手に頼ることが多いため、労働災害の防止、作業環境の改善、メンテナンス軽減や技能継承等の課題がありました。

　これらを解消するため、「設備の簡素化」、「脱はしごによる作業の機械化」、「工事及びメンテナンスの効率化」をコンセプトに設備更新を実施しています。

　電車線は、き電ちょう架方式のインテグレート電車線と呼ばれている設備（き電線とちょう架線を一体化）を採用し、高圧配電線は地上ケーブル化し、支持物はコンクリート柱・鋼管柱化が図られています。その結果、図表3-24、3-25のように、き電線のない電車線が生まれました。

図表3-23　既設設備の例

図表3-24　インテグレート（1）

図表3-25　インテグレート（2）

　この電車線は、従来のツインシンプルカテナリ方式のちょう架線2本、トロリ線2本、き電線2本の計6本が、ちょう架線（き電線兼用）2本、トロリ線1本の計3本になっています。したがって、使用する電車線金具も少なくてすみ、設備的にも簡素化されました。

　さらに、高圧配電線が地上に設備され、き電線がちょう架線と一体となり、ビーム下に設備されたために、設備全体のレール面からの高さが従来とは異なり大幅に低くなり（低所化）、ほとんどの作業が機械の作業台でできるようになり、工事やメンテ作業の省力化・効率化が図られています。

　高圧配電線もケーブル化したために、電車線作業時には停電時間の異なる、高圧配電線による感電事故等の労働災害の解消も可能になりました。

　従来の支持物は、複雑な構造のV形トラスビーム、篭形ビーム、組合せ鉄柱でしたが、老朽化の取替え時期を機に、簡素なコンクリート柱・鋼管柱や鋼管ビームに変更し、経済性のパフォーマンスも改善されています。

　その他の電車線については、従来の滑車式張力調整装置から、ばね式張力調整装置に変更することにより、おもりの高さ調整やワイヤー等の取替えのメンテナンスが不要になり、保全の省力化にも寄与しています。

42 架線は温度と風で変身する

　大気中に設備されている架線類は、常に気象の影響を直接受け変化していますが、その中で最も大きな要素は温度と風です。電線は温度変化により伸びたり縮んだりするため、それに応じて張力が変化し、その結果から弛み（弛度）が大きく変化します。この弛度は電線の重量（垂直荷重）によるものであり、垂直方向に発生し、風が無ければ温度変化に応じた弛度で安定しています。

　架線は重量の外に風による水平方向の力（水平荷重）を受けているため、水平方向にも弛度が発生しますが、この弛度は風の変化に応じて目まぐるしく変化するものです。従って、架線類の動きは常に立体的に検討する必要があります。

①電線の弛度と張力

　架設された電線の弛度と張力に関係する主な要素に、次のものがあります。

- ・径間（スパン）……………電線の支持間隔
- ・標準温度の張力……………電線の種類と太さ等から決まる
- ・電線の種類と断面積………銅線（110mm^2）・アルミ線（510mm^2）など
- ・電線の弾性係数……………張力により伸びる度合
- ・線膨張係数…………………温度変化による伸縮の度合
- ・荷重の変化…………………風による水平荷重、着氷雪による垂直荷重など

　電線の弛度と張力は、これらの要素により絶えず変化するもので、数式で表すと3次式になりますが、ここでは紙面の制約から省略いたします。

②弛度と荷重の合成

　図表3-26は、架設された電線に発生する弛度と張力の様子を示すベクトル図です。

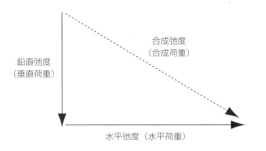

図表3-26　弛度（荷重）の合成

・鉛直弛度（垂直荷重）
　鉛直方向の弛度は、電線の垂直荷重により発生します。
・水平弛度（水平荷重）
　水平方向の弛度は、電線の水平荷重により発生します。

》具体的な数値例

①代表的な電線の張力変化（温度変化－10〜40℃の場合、aは線膨張係数）

　平均的な径間40〜60mで、標準張力に対しおおよそ次のように変化します。

- アルミ線：$a = 2.3 \times 10^{-5}$　→低温時は230%、高温時は60%に変化
- 銅　　線：$a = 1.7 \times 10^{-5}$　→低温時は180%、高温時は75%に変化
- 鋼　　線：$a = 1.2 \times 10^{-5}$　→低温時は170%、高温時は70%に変化

　なお、電線の弛度は張力に反比例するため上記の値と逆に変化し、低温時に小さく高温時に大きくなります。

②電車線の伸縮（自動張力調整装置のストローク）

　電車線はパンタグラフによる集電を円滑にするため、常に同じ弛度・張力であることが理想であり、特に高速運転区間の電車線では自動張力調整装置の設備が必須条件となります。

　自動張力調整とは温度変化で生ずる電車線の伸縮を吸収することで、具体的には長さ1500mのシンプルカテナリ（St90・Gt110）の場合、±25degで約540mm（片側270mm）にもなります。

なお、電車線の調整長さは滑車式バランサの許容ストローク、曲引・振止装置の可動範囲などから、標準1500m程度に設定されています。

③風は変化し息をする

　温度変化による弛度・張力の変化は比較的長周期のものですが、風による水平荷重の変化は短周期的であり、「息をする」などと表現されます。このため風圧荷重の定義に次のようなものがあり、計算の際に区別して使用します。

・平均風速：10分間の平均風速から算定（実効値）→強度計算などに使用
・瞬間風速：観測の瞬間風速から算定（最大値）→離隔・偏位計算などに使用

43 電車線の工事

　電車線のちょう架線やトロリ線の工事は、新線を巻きこんである電線ドラムを地上に設置する方法、ドラムを軌陸車上に積みこむ方法等がありますが、インテグレート化工事のように引抜工法といわれる方法もあり、それらの工法も施工目的と工夫により進歩しています。

①地上にドラムを設置する方法

　この工法は、図表3-27のように電線ドラムを地上に据付け、ドラムから引出された電線の先端に結んだ引き綱というロープを引張って延線する方法で、駅構内のような架線が輻輳している箇所や比較的短い張替えに使用されています。支持点箇所には延線をスムーズにするため延線用金車をあらかじめ取付けておき、引き綱はその延線用金車を通して目標に向けて引張ります。特に長い延線の作業はエンジン引き工法で行います。

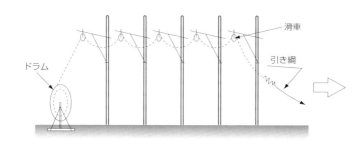

図表3-27　地上ドラム方式

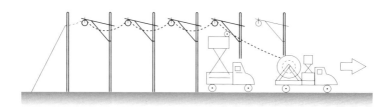

図表3-28　ドラム移動方式

②ドラムを載せた軌陸車の移動による方法
　この工法は、図表3-28のように線路に載線した軌陸車にドラムを搭載し、線路上を移動しながら延線する方法で、新設工事や駅中間の長い区間の張替工事に適しています。この工法も、支持点箇所にあらかじめ延線用金車を取付けておき、延線端末から終端まで一定の低速で延線して行きます。
　特に長い延線の作業では、軌陸車2台の間に作業用車3台程度を使用し、スムーズな延線のための補助作業として、ハンガや金具類の取付け・取替え等の作業を分担して行います。

③電線引抜工法
　この工法は、撤去する電線に新設の電線を接続して引抜いて行く方法です。電線の撤去と新設を同時に行うことができる工法で、インテグレート化工事などで使用されており、延線車・ドラム車等の編成を有効に活用した最近の工法です。

電車線付属設備の工事
①張力調整装置
　自動張力調整装置は、単独で軌陸車等により取付けます。最終的に、電車線全体構成をするために若干の調整を必要とする場合がありますので、ターンバックル等の手動の張力調整装置を設備することもあります。

②付属設備
　電車線には曲線引金具、振止金具、電線交差箇所に使用する付属金具類があります。これらの金具類は本設備と同時に施工するものと、修繕工事などで独自に施工するものとがありますが、作業車を使用するか梯子を使用するかはその時の条件により判断します。

新幹線の張替工事
　新幹線は、検測データ等からトロリ線の摩耗状況を把握し、計画的に張替えを行いますが、3～4時間で施工するため延線車・作業車等の数台の編成により効率的に行います。

44　電車線の最新技術

　架線の歴史は、高速架線への取組みの歴史といえましょう。初期の架線は、トロリ線1本の直ちょう式架線で、時速30〜40km程度の設備でしたが最近の高速運転用架線は、幾つかの段階を経て時速300〜400kmレベルの時代になっています。わが国の場合約100年の歴史でおおよそ10倍になった訳です。

　主な架線構造の推移は以下のとおりです。

　　①直ちょう式……………………………………　1895年京都電気鉄道（DC500Ｖ）

　　②シンプルカテナリ式…………………………　1911年南海鉄道（DC600Ｖ）

　　③コンパウンドカテナリ式……………………　1925年阪急電鉄（DC600Ｖ）

　　④変形Y形カテナリ式…………………………　1957年仙山・北陸本線（AC20kＶ）

　　⑤ツイン（ダブル）シンプルカテナリ式………　1959年東海道線で試験（DC1.5kＶ）

　　⑥合成コンパウンドカテナリ式………………　1964年東海道新幹線（AC25kＶ）

　　⑦ヘビーコンパウンドカテナリ式……………　1971年山陽新幹線（AC25kＶ）

　　⑧ヘビーシンプルカテナリ式…………………　1970年東北本線（AC20kＶ）

　　⑨高速シンプルカテナリ式……………………　1997年北陸（長野）新幹線（AC25kＶ）

≫最近の架線構造

　最近の架線構造には大きく分けて、次のような二つの流れがあります。

①高速運転線区用の架線

　新幹線のような高速運転線区の架線は、波動伝播速度を高く設定したトロリ線をベースに、より軽量で総張力の大きい「高速シンプルカテナリ式」が主流となっています。さらにその改良で、より高い営業速度を追求する方向にあります。

　高速シンプルカテナリ式の例
- ちょう架線：PH150mm²………標準張力19.6kN（2.0tf）
- トロリ線：GT-CS110mm²……標準張力19.6kN（2.0tf）

※総張力4.0トン系の電車線
※PHは、硬銅より線（第二種）
※GT-CSは、みぞ付銅覆鋼トロリ線

②大量輸送線区用の架線

　大都市圏などの大量輸送線区の架線は、前項で上げたような流れから架線設備の改良過程で、安易に設備を付加する方法が採られてきた結果、複雑でかつ多様化してしまいました。このため1990年から保全の機械化と作業安全を目的に設備改良に向け、約3年間の検討と試験設備の施工などを経て「簡素・統合化設備」（インテグレート架線）が実用化されました。

　これとは別な経緯から、山陰本線の高架化工事及び阪神・淡路大地震の復旧工事の際に採用された「ハイパー架線」があります。

　インテグレート架線の例
- き電ちょう架線：PH356mm²×2………標準張力39.2kN（4.0tf）
- トロリ線：GTM-Sn170mm²……………標準張力14.7kN（1.5tf）
- 新形ばねバランサ使用（初期設備は蓄圧バランサ）

※総張力5.5トン系の電車線
※GTM-Snは、すず入りみぞ付硬銅トロリ線
※最初のトロリ線はCDS170mm²を試用

　ハイパー架線の例
- き電ちょう架線：ACSR/AC730mm²……標準張力19.6kN（2.0tf）
- 補助ちょう架線：H100mm²……………標準張力9.8kN（1.0tf）

・トロリ線:GTM-Sn170mm² ……………標準張力14.7kN (1.5tf)
・滑車式バランサ(一部の設備は蓄圧バランサ)

※総張力4.5トン系の電車線
※ACSR/ACは、アルミ覆鋼心耐熱アルミ合金線
※Hは、硬銅より線(第一種)

③関連設備の動向など

　架線設備の変化は、関連設備の変更を必要とする場合や変更を可能にするケースがありますが、具体的には次のような実例があります。

(1) 自動張力調整装置は滑車式からばね式へ:施工性と保全性の向上
(2) 電柱はコンクリート柱から鋼管柱へ:施工性と耐震性の向上
(3) 可動ブラケットの構造は複雑から簡易化へ:架線の軽量化と構造の合理化
(4) 固定ビームは形鋼から鋼管へ:構造の合理化と保全性の向上

45 失敗のはなし（消えた設備・幻の設備など）

　現に稼動している電車線設備には様々なものがあります。当然のことながらそれらの設備は、設置されてから修繕の手が入ったり、改良されたりした履歴を経て残っているものです。別な見方をすれば、それぞれの設備の性能や耐用年数（残存寿命）は異なるものの、現在も必要とされ、健全である証といえます。

　一方、次のような設備もあります。
(1) 実用化に向けて検討した設備や試験のために設備されたもの
(2) 一時使用したが不具合などから撤去されたもの
(3) 実用化されたが時代のニーズなどから取替えられたもの
(4) 時代の変化から必用性は低くなったが残っている設備や撤去されたもの

　(1) の例は、検討の経緯や試験報告書などで知ることが可能なものですが、(2) の例などは追跡しにくいものです。幾つかの例について判る範囲で調べたものを他山の石として紹介します。

①連続網目架線

　この架線は東海道新幹線用の有力な設備モデルとして、1960年東北本線の宇都宮・岡本間に設備され各種高速試験が行われ、時速165kmまでの試験から、研究所の模擬架線で得たばね定数・離線特性等が現車試験で確認されました。

　しかし、架線構造が特許出願されていたことから、現車試験まで実施しながら採用されなかった経緯があります。

②合成コンパウンド架線

　前記の架線方式のほか、変形Y型コンパウンドカテナリ架線と合成コンパウンドカテナリ架線が検討されました。前者は施工精度と保全性から難しい面があり検討段階で採用されませんでしたが、合成コンパウンドカテナリ架線は、設備実績のあるコンパウンドカテナリ架線の一部に、合成素子（ドロッパにばね機能等を付加した金具）を付けて改良したも

ので、各種試験を経て実用化されましした。

　東海道新幹線はこの方式で1964年に開業し、時速200km時代の幕が開けられましたが、この架線は押上がり量が大きく多数パンタの競合のほか、風の影響などから多くの問題がありました。

　より高速と安定を目指す山陽新幹線は、ヘビーコンパウンドカテナリ架線を採用し、1971年開業の大阪・岡山間の開業で、時速270kmレベルの架線として標準化されました。その後東海道新幹線は1975年頃から順次この方式に取替えられたため、すでに過去の設備となり見ることができません。

③き電ちょう架方式に鋼心アルミより線を使用

　電化設備費を節減する目的から、き電ちょう架方式の架線が採用されましたが、施工の結果不具合が明らかになり改良された例があります。

(1) 内房線館山・千倉間（1968年）
- き電ちょう架線：ACSR520mm^2 標準温度の張力11.8kN（1.2tf）
- トロリ線：GT85mm^2 架設張力7.8KN（0.8tf）で自動張力調整装置使用

＊き電ちょう架線にバランサを設備しなかったことから、高温季にカテナリが変形してしまうため、シンプルカテナリ架線に取替えられました。

(2) 総武本線東京・錦糸町間トンネル内（1972年）
- き電ちょう架線：防食ACSR520mm^2 標準温度の張力11.8kN（1.2tf）
- トロリ線：GT110mm^{2}架設張力9.8kN（1.0tf）で自動張力調整装置使用

＊トンネル内の漏水が原因で、防食鋼心アルミより線のアルミ線に急速腐食が発生したため、Cu325mm^{2}に張替えられました。

③圧縮型ハンガ

　経費節減とノーメンテナスの目的で圧縮型ハンガが採用されましたが、圧縮の際トロリ線下面に段付き変形が発生したため一般型に変更しました。

④安全側線の架線

　安全側線の架線は必要設備でしたが、ATS（自動列車停止装置）の完備などで必要度は変わったにも拘わらず現在も残っている例といえます。

第4章

帰線のはなし

46 電車線とレールの関係

　レールは1メートルあたりの重さから50kgレール、50kgNレールや60kgレール等があり現在も多く使用されています。レールは一般的に見れば、重量のある列車を支え、車両がどこまでも安定して走行できるようにした長い鋼鉄の平行線です。そして上空に設備された電車線と実は切ってもきれない深い関係にあります。

≫帰線としての役割
①直流の帰線
　レールには変電所からき電線とトロリ線を介して、パンタグラフから受け取って電気車を走らせるために使った電気を、元の変電所に帰すルートの役割があります。

　帰線電流は時には大地に流入し、鋼管のパイプに穴を空けてガス漏れや水漏れを発生させたりすることがありますので、帰線抵抗を少なくすることが大切です。

②交流の場合
　交流のBT方式では、帰線電流はレールから吸上線を介して吸上変圧器により負き電線に吸上げられます。また、AT方式では、AT変圧器により中性線を介してレールから吸上げられ最終的には変電所に帰ります。これにより通信線等に対する誘導障害の低減を図っています。

③レールの接続
　ところで、レールは全部つながっているように見えますが、どうやってつないであるのでしょうか。レールの一般的な標準長さは25mですから、必ずつなぎが必要です。長いレールには目に見えない現地で溶接したつなぎ部分が25mごとにありますが、これをロングレールといっています。

④レールの絶縁
　つなぐばかりでなく、つないではならないところもあるのです。

列車ダイヤに従って列車を安全に運行させるために信号機があります。このためレールには軌道回路の区分箇所を設ける信号用の絶縁箇所が多数あります。絶縁ですから電気車が使った電気は帰らないのかと心配になりますが、その絶縁部分には、帰線用の電気を通すインピーダンスボンド（帰線電流と軌道回路の電流を分離するための装置）を設けているので大丈夫です（図表4-1）。

⑤**変電所付近のインピーダンスボンド**

変電所の近くには、通常専用のインピーダンスボンドを設けて、そのインピーダンスボンドの中性点から帰線ケーブルで変電所へ帰線電流を帰します（図表4-2）。

⑥**帰線電流が帰れなかったら**

もし帰るルートが無くなったらどうなるでしょうか。例えば、レールが破断するかレールをつないでいる電線が切れるということは帰線回路が壊れることですから、帰るルートが無くなり電気的に重大な事故となります。

⑦**レールも電流回路の一部**

直流方式の例で示すと、パンタグラフから電気車の回路を経てレールに流れた電気は、最後には変電所に戻さなければなりません。変電所の近くでは、絶縁された左右のレールをインピーダンスボンドにつなぎ、そこから帰線ケーブルで変電所の整流器に接続されて回路が構成されます。このように、レールも電流回路の一部なのです。

図表4-1　レールの絶縁箇所

図表4-2　インピーダンスボンド

47 レールに触っても安全か

　私達にとって極めて身近な電気設備の配電線や送電線には、単相・3相等の方式がありますが、いずれの設備の場合も電線は、その系統の電圧に応じたがいしで、大地から絶縁されているのが普通です。図表4-3は、単相配電線の例です。

≫特殊鉄道の電気回路

　特殊鉄道に分類されているトロリバスやモノレールのように、一般にゴムタイヤで走行する鉄道は、配電線や送電線と同様に電線が大地から絶縁されていて、図表4-4のように各電線は正と負で単相のような回路を構成しています。
　車両の集電装置を使用して電気を授受する設備であることから、この設備も「電車線」と呼ばれています。

≫普通鉄道の電気回路

　一方、殆どの電気鉄道はレールの上を走る方式であることを活かし、

図表4-3　配線線路の例

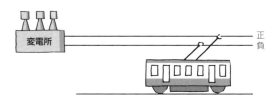

図表4-4　トロリバスの例

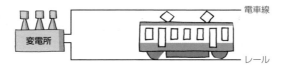

図表4-5　普通鉄道の例

　図表4-5のようにプラス側の電車線で電気を送り、マイナス側のレールで電気を帰すという回路を構成しています。これは電車線とレールで構成する単相のような電気回路で、車両に電気を供給する方式であるということです。

　電気鉄道の帰線用レールの施設については、国土交通省令に「踏切道及び通路等に設備するレールは、大地との電位差により人等に危害をおよぼさないように設備しなければならない」とされています。

　このため帰線用レールには大地との間に、道床・枕木及び軌道回路に必要な絶縁材料が設備されていますが、極めてゆるやかな絶縁状態であるため、実態は図表4-5のように1線接地系の単相電気回路に近いものとなっています。

　したがって通常は電位差が小さく電圧を感じないので「レールに触っても安全」というわけです。

》帰線用レールにまつわる話題

　レールと大地の電位差は、在来線の場合、通常数十ボルト程度とされています。しかし、新幹線などの通過列車を待つ停車列車とプラットホーム間では300ボルト程度発生するため、RPCD（レール電位を抑制する装置）を設け安全を図っています。

　また、レールに流れる電流は、直流区間は一般に数百アンペアで、変電所付近は数千アンペアになります。

　交流区間は一般に数十アンペアで、変電所付近ではNF（負き電線）又はATF（ATき電線）に移行します。

　新幹線では一般に数百アンペアで、変電所付近ではATFに移行します。

48 レールを流れる電流は大地に漏れて迷走する

　国土交通省令では「帰線用レールは、帰線電流に対し十分な電気回路を構成するように、かつ、レールから大地に流れる漏えい電流が少なくなるようにし施設しなければならない」と定めていますが、この条文は実際の設備で漏えい電流をなくすことができないので、対応策を示したものと考えられます。

　では、どのくらい帰線電流がレールから漏れているのでしょうか？意外なことに多い所では30％も漏えいすることがわかっています。特にいつも湿度の高い路盤やトンネル内などでは漏えいが多く、湿度の低い高架橋などは少なくなっています。

　レールから漏れる電流は、図表4-6のように流れると考えられています。

　しかし、このように一度流出した電流も最後には電源の変電所へ帰るため、再びレールに流入することになります。そして大地の中を流れる電流は、電気抵抗が少なく最も流れやすい所を選んで「迷走」しますが、付近に埋設された金属体（水道管やガス管等）があると恰好の経路になります。

　埋設金属管などに出入りする迷走電流が直流の場合、大変厄介な問題を起こします。それは電気分解と同じ電気化学作用で、電流が金属体から流出する際に金属を腐食（酸化）する現象です。この現象は電食（電気腐食）と呼ばれ、古くから知られている問題で図表4-6のように電流が流れ出る時に発生します。「食われる」レールや埋設金属管を管理してい

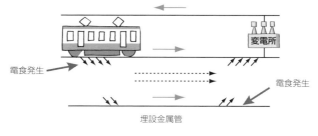

図表4-6　帰線回路

る側と、起因者である電気鉄道側との間で話し合いの場を持ち、検討や研究を基に対策を講じて来ました。これまでに実施されてきた施策や設備などに、次のようなものがあります。

≫電食を防止する工夫など
①レール設備の対策
- レールボンド（レール継ぎ目を接続する電線）を強化し、レール継ぎ目の電気抵抗を小さくする。
- 道床交換等で、レールと大地間の電気抵抗をできるだけ大きくする。
- クロスボンド（上下線のレール間を電気的に結ぶ電線）で、帰線回路を並列にすることによって電気抵抗を小さくする。

②電力設備の対策
- 専用帰線を設備し、帰線回路の電気抵抗を小さくする。
- 帰線回路の短縮を考え、変電所間隔を短くする。
- まれな例として海水中に電極を設備し、海を帰線回路の一部に利用する。

③埋設管路の対策
- 埋設管路で電流が流出する付近に排流装置などを設備する。
- 埋設管に絶縁被覆を施し、電流の出入りを防ぐ。
- 埋設管路を合成樹脂製等に替える。

④地球磁気観測への障害防止
地球磁気観測所等に対する障害の防止については、関係省令で「直流の電線路、電車線路及び帰線は、地球磁気観測所又は地球電気観測所に対して観測上の障害を及ぼさないように施設しなければならない」と定められています。

茨城県柿岡の地球磁気観測所に対しては、次のような対策が採られています。
- 関東鉄道は、電化せずディーゼル車を使用しています。
- 常磐線は、茨城県取手以北を交流電化しています。
- つくばエクスプレス線は、茨城県守谷以北を交流電化しています。

コラム⑨　高速架線変身の歴史

　新幹線の架線は30年余りの間に、軟らかい架線から硬い架線を経て軽い架線へと変身しましたが、その背景には高速集電技術の大きな進歩がありました。

　東海道新幹線は高速鉄道の元祖と言われますが、その集電理論の大きな指標はパンタグラフによる架線押上がり特性が均等である事で、理想的な架線として「連続網目架線」の構想がありましたが、特許権などの関係から採用を断念したという事情がありました。次善の策として架線押上がり特性が均質な「合成コンパウンド架線」が採用され超高速運転の歴史が開かれましたが、この架線の軽くて軟らか特性から横風による影響などで、架線とパンタグラフに関連する事故を多数経験する事になりました。

　対策として山陽新幹線は「重コンパウンド架線」が採用され、重厚長大架線の時代になり、東北・上越新幹線もこの架線で建設されました。しかし、フランス国鉄のTGVなど外国の超高速鉄道の架線は簡易・軽量化の方向に進み、その技術的裏付けはトロリー線の「波動伝播速度理論」でした。合成コンパウンド架線が風に弱く多数のトラブルを経験した結果、山陽新幹線は「重厚長大な架線系」を採用しましたが、16両編成で8個のパンタグラフによる「アーク集電」状態は異様な光景でした。

　その要因はBTき電方式と多数パンタ方式にあったと考えられます。現在の標準は「高速シンプル架線」ですが、これは波動速伝播度理論の重要性、ATき電方式の優位性及び引通し母線による少数パンタグラフ方式の効果に負う所が大きいと思います。

　下図のa～cは、採用された時代ごとの架線構造の略図です。

　　a 合成コンパウンド　　　b 重コンパウンド　　　c 高速シンプル
　　　（3トン系架線）　　　　（5.5トン系架線）　　　（4トン系架線）

第5章
支持物のはなし

49 支持物のいろいろ

　電車線路の支持物を基本的なものと補助的なものとに分けると、次のようなものがあります。

≫基本的な構造物
①単独装柱
　図表5-1及び図表5-2は、電柱を独立して設備し架線類を支持する軽易な構造で、主として単線区間の設備などに使用されます。
・図表5-1は交流単線区間の例
・図表5-2は直流複線区間の例
②門形装柱
　図表5-3及び図表5-4は、主として複線区間などに使用されます。

図表5-1　単独装柱（1）

図表5-2　単独装柱（2）

図表5-3　門形装柱（1）

図表5-4　門形装柱（2）

図表5-5　単門形装柱（3）

- 図表5-3はクロスビームの例
- 図表5-4はV形トラスビームの例
- 図表5-5は、複々線以上の線区など多数の線路を跨ぐ例（6線跨用）

③ **スパン線構造**

　大きな駅や車両基地で電柱建植位置に制約のある個所、豪雪地区で冠雪荷重が大きく、固定ビームで対応できない箇所等に使用される特殊な設備です。

- 図表5-6は交流区間で側線の多い駅構内の例（長さ約40m）

≫ 補助的な構造物

　図表5-7～図表5-12は、電柱又はビームに取り付け、架線等を直接支持する設備です。

- 図表5-7は直流の電車線引留用の例

図表5-6　スパン線ビーム

図表5-7　支線（1）

図表5-8　支線（2）

図表5-9　腕金

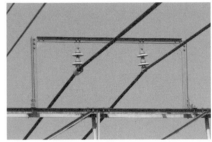

図表5-10　やぐら

図表5-11　下束

図表5-12　平行枠

・図表5-8は新幹線高架箇所の例
・図表5-9は高圧配電線用及びき電線用腕金の例
・図表5-10はき電線用やぐら例
・図表5-11は曲線引装置用及びき電ちょう架線用の例
・図表5-12は新幹線の例

50　支持物の移り変わり

　電車線路用支持物の移り変りは、主として電車線構造の変化に起因する場合と、技術の進展などによる素材の移り変りによる場合等があります。

　初期の電車線は古い写真や資料によると直接ちょう架の架空複線式で、その支持物は鉄柱と簡単なブラケットビームだったようです。中には上下線を支持した円形断面のセンターポールの例も見受けられます。いずれも外国から導入されたもの又はその技術を応用したものと思われますが、山手線や京浜東北線など極めてまれにその名残を見ることができます。

≫電柱の移り変わり
①木　柱
　通信線から始まった「でんしんばしら」は木柱だったと思われますが、電化設備の歴史などから初期の電化に使用されものは素材のままだったようです。その後防腐剤のクレオソートを注入した柱に変わり、現在はごく一部に残る程度です。

②溝形鋼鉄柱と山形鋼鉄柱
　大正期の電化から設備の大形化時代に入り、強度の大きい溝形鋼の組み合わせ鉄柱が、その後山形鋼の組み合わせ鉄柱も使われるようになりました。

　初期の鉄柱はリベット組み立てのため簡単な構造でしたが、次第に複雑な構造も設計され、ボルト組み立て構造の時代になりました。さらに1965年代から溶接構造で亜鉛めっきのものが標準になってきました。

③コンクリート柱
　経済的で保守に手のかからないコンクリート柱は、大正末期の現場打ちから始まり、1952年頃から工場製作のコンクリート柱が実用化され、1952年の高崎線電化から本格的に使用されました。1955年代に規格化さ

れ、その後コンクリート杭製造ラインとの共用化と、鉄柱に代わる高い強度のニーズを満たすため、プレストレスト・コンクリート柱となりました。

④鋼管柱

　経済的な条件は、どの時代にも重要な要素ですが材料の価格だけでなく、省力化と安全施工の必要性が大きな要素を占める時代になりました。さらに環境調和の問題や耐震強度の向上などが新たな課題となり、これらの要件を満足できる素材として、鋼管柱が見直され多用されるようになりました。

≫ビームの移り変わり

①ブラケットビーム

　初期の電車線は、直接ちょう架方式又はシンプルカテナリ方式でした。そして支持するビームは、直接ちょう架方式の場合スパン線ビーム、シンプルカテナリ方式の場合は簡単なブラケットビームでした。ブラケットビームは経済的なため、現在も素材と構造を工夫することで多くの設備に使われています。

②クロスビーム

　クロスビームは、鉄道設備の複線化に対応する設備として最も経済的であり広く使われてきましたが、水平力を電柱が負担する構造のため使用上の限度があります。しかし、ビーム主材の選定と両端を斜め材（方杖（ほう
つえ）ともいう）で補強する等の工夫で、使用範囲が大幅に改善されてきました。

③トラスビーム

　トラスビームは、クロスビームの強度限界をカバーする方法としてラーメン構造化が極めて有利であることから、そのビーム（梁）として採用されたのが始まりです。平面トラスビームは10m程度で荷重の小さい場合に限られますが、V形トラスビームは25m程度までの多くの箇所に使用されています。

④篭形ビーム

篭形ビームは、V形トラスビームでもカバーできない箇所に使用するほか、構造全体をコンパクトにする目的の場合や、電車線などを引留めるビームに使用されています。長いものは40m程度までの使用例があります。

⑤**鋼管ビーム**

　鋼管ビームは、前項までの各種ビームの部材に鋼管を使用したもので、価格の面ではやや高くなりますが、強度と保全の有利性から注目され多くの設備に使われるようになりました。

コラム⑩　ビームの世代交代

　平成時代になってから、首都圏の電車線路が大きく変貌しつつあります。その特徴は、き電線と電車線とを統合化し設備全体を簡素化するもので、電車線はもとより支持物も大きく変身しつつあります。
　図表D及び図表Eは、新旧のビームと電柱が並設されている2ショットもので、支持物の世代交代がひと目でわかる貴重な写真と思われます。

図表D　新旧設備の2ショット（例-1）

図表E　新旧設備の2ショット（例-2）

51　鋼材のいろいろと使い方

　現代は鉄の時代と言われていますが、電車線路の構造物等に使われている鋼材の種類は、大きく分けて次のようなものがあります。
　①形鋼類：山形鋼、溝形鋼、H形鋼
　②鋼管類：構造用鋼管、特殊用途に角形鋼管
　③その他：鋼板、平鋼、丸鋼

①材質から見て

　鋼材には材質や形状から、数多くのJIS規格（日本工業規格）がありますがよく使われる鋼材について代表的なものを参考のため挙げて見ます。

・一般構造用圧延鋼材（SS400）　　→　許容強さは16.17kN/cm^2（1650kgf/cm^2）

・一般構造用圧延鋼材（SS490）　　→　許容強さは18.62kN/cm^2（1900kgf/cm^2）

・一般構造用炭素鋼管（STK400）　→　許容強さは15.68kN/cm^2（1600kgf/cm^2）

・一般構造用炭素鋼管（STK490）　→　許容強さは20.58kN/cm^2（2100kgf/cm^2）

　（注）SSは種別、400等は素材の強度を表わす記号

②形状から見て

　ここでは代表的な鋼材の特徴と用途を挙げて見ます。
・山形鋼
　断面がL形で、組合せ構造に適しているため最も多く使用されています。
・溝形鋼
　軸方向の断面性能の差が大きく、単材では使用しにくい面があります。
・H形鋼
　断面がH形で単材のまま使用でき、仮設構造などに多く使用されています。

図表5-13　四角柱の例

図表5-14　引留構造の例

・鋼管類
　断面が円形の対称構造のため使い易く、急速に用途が拡大しています。
・鋼板、平鋼
　鋼板は主として補強材に使用され、平鋼は補助材に多く使用されています。
　図表5-13及び図表5-14は、よく見かける鋼構造物の代表的な例です。

③**材質の変遷に注意**
　電車線構造物には通常SS400材を使用しますが、旧規格時代の設備は鋼材の強度が低かったので、特に既設構造物に架線等を増設する際は注意が必要です。
　①1945年以前の設備：許容強さは13.23kN/cm^2（1350kgf/cm^2）
　②1965年以前の設備：許容強さは14.21kN/cm^2（1450kgf/cm^2）
　③1965年以降の設備：許容強さは16.17kN/cm^2（1650kgf/cm^2）

④**特殊な材質と使い方**
　一般的にSS400クラスを使用しますが、断面構造に制約のある場合や耐震強度の関係でSS490、STK490などを使用することがあります。特に溶接部の強度を重視する場合、SM材を使用する例もあります。この場合、設備記録など何らかの方法で材質の記録を残す必要があります。

⑤**ボルト締めと溶接構造（鉄柱の設計で注意したいこと）**
・ボルト締め鉄柱の場合、主材と斜材強度については必ずチェックしますが、ボルト強度のチェックを忘れることがよくあります。ボルトに

かかるせん断力は斜材角度に大きく影響され、弱点になることが多いので要注意です。
⇒対策にボルト本数の増加、ガセットプレートの使用等があります。
・溶接鉄柱の場合、斜材の溶接部強度は一般的な部材の組み方で通常クリアされます。しかし、鋼材の溶接部強度が母材強度に比べ引張りで70％、せん断で30％程度になるので、特に薄手鋼材を使用する場合は溶接部が弱点になることがあるので要注意です。
⇒対策に適切な部材厚の選択、ガセットプレートによる補強等があります。

コラム⑪　幹線鉄道でき電電圧650Vの珍しい鉄道

　1912（明45）年5月に電化開業した信越線横川・軽井沢間は、国内の幹線鉄道でありながら、き電電圧は直流650Vの珍しい鉄道で、廃止になった1963（昭38）年9月まで運行しました。国鉄の直流き電1931（昭6）年までにすべて1500Vとなり、650V方式は最後まで残りました。
　この鉄道はアプト式鉄道として長年活躍しました。

```
＜信越線碓氷　電化工事概要　鐵道院　東部鐵道管理局＞によれば
　　　　　　　　第三軌條、電車線及歸線
　第三軌條、電車線及歸線ハ電氣機關車ニ電氣ヲ供給スル設備ニシテ
　其概要左ノ如シ。
1、電氣鐵道方式
　直流650「ヴオルト」第三軌條式及架空單線式
　　　　　　　　　　以下略
```

図表F　電氣鐵道方式の記述

図表G　横川・軽井沢間のED42形電気機関車

52 景観支持物とはなにか

　電車線路の設備には、架線関係のように基本的な姿があまり変わらないものと、支持物のように使用する材料や設計方針で「見た目」を変えることができる設備とがあります。電車線路支持物で景観との調和を考慮して設計された設備を景観支持物などと呼んでいます。

　一般に、実用設備や生活必需品などに求められる事柄は、まず機能、次に経済性であり、姿かたちは二の次というのが常識と思われてきました。

　しかし、時代と共に価値観も変化し、姿かたちに対するニーズが大きな要素となってきました。実用品には機能美という言葉が、建築物や市街の形には環境調和という表現が使われるようになっています。これを電気設備の立場から見ると、国立公園や風致地区の送電線の美観鉄塔や配電線柱の塗装、さらには都市再開発の施策で市街地の道路から「電柱が姿を消す」というような具体例があります。

　一方、電車線路設備はサードレール化などで、低い位置に設備する方法もありますが、地下鉄は別として「電柱が姿を消すことができない」宿命があります。従って、次善の策として「景観との調和を図る方法」が従来も採られてきました。電気運転設備が外国から導入された時代に設計され今も残っている図表5-15、5-16のような貴重な設備の例です。

図表5-15　東京駅の設備

図表5-16　田町・品川間の設備

図表5-17　東京駅重層化

図表5-18　千駄ヶ谷駅付近

図表5-19　小田急線多摩川付近

図表5-20　八高線の駅構内

図表5-21　秋葉原駅付近

図表5-22　さいたま新都心駅付近

図表5-15及び図表5-16の設備は、電化の初期に外国から導入された形と思われますが、その多くは姿を消しつつあり、東京駅に設備されていた図表5-15の設備は、2015年に撤去され2018年に記念構造物として保存されました。また、田町・品川間に設備されている図表5-16の設備は、品川地区の大規模改良工事で近い将来撤去される計画があります。

　図表5-17～図表5-20の設備は、近年になって電車線路設備の景観調和を考慮して設備された例です。また、図表5-21と5-22の設備は、多数の線路を跨いだビームの例ですが、図表5-21の設備は直線的構造で、自重が小さく経済的であり耐震設計上も極めて有利な構造です。図表5-22の設備は美的な曲線状の構造ですが、自重が大きく加工条件からも高価で、耐震設計上やや不利な構造です。これらの設備は、まだ試行錯誤の段階と言えそうです。

　図表5-23は撤去された後、構造物全体を修理・復元し担当現場機関の構内に設置された記念構造物で、案内板に経緯が記されています。

図表5-23　記念構造物

53 電柱基礎の形と強度

　わが国で最初に設備された電柱は、通信線用の電柱が始まりで、次に出てきたのが電灯の普及による配電専用の電柱だったと考えられます。
　当時の電柱は、いずれも軽易な電線などを支持するものであり、倒れて人などに危険を及ぼさないことが大事な条件でした。省令などでは、「電柱はその長さの1/5～1/6の深さに埋めること。」とされていました。
　その後送電線や電車線が設備されるようになり、関連する規定の主旨は変わりませんが、設備に求められる条件として倒れない上に「大きくたわまない」ことが求められるようになったため、電柱基礎の役割が変わってきました。
　一方、電柱の基礎は設備箇所の地盤が千差万別のため、その変化に対応して夫々の設備が求める要件を満たす必要があります。

①通信線・配電線柱の基礎

　初期の設備は、いずれも長さ数メートル程度の木柱で、電柱の埋め込み深さは1.5m位の規模のものだったと思われます。その施工方法は、必要な深さの穴を通称段掘りと呼ばれる方法で階段状に掘削し、電柱を人手で建て込んだあと、掘削した土を埋め戻して周囲を突き固める程度のものでした。
　しかし、添架線の条数や電柱長さの増加だけでなく、架設角度による横張力の増加などの条件から強度が不足するため、根かせや根はじきで基礎部を強化する方法、支線で横張力を負担させる方法等が採られるようになりました。

②電車線柱の基礎

　電車線柱の基礎も、初期の設備は簡易なものであり前項の設備と同様な経過をたどりましたが、曲線路の設備は電車線偏位を所定の値に保つため、支線を設備することが標準だったようです。しかし、複線区間の設備などは鉄柱を使用したため、送電線鉄塔と同様な台形基礎が使われていました。

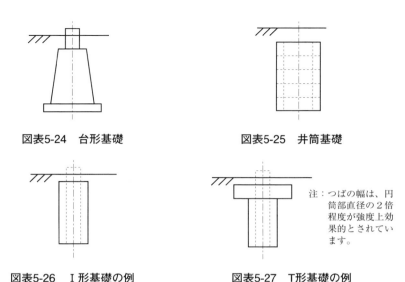

図表5-24　台形基礎　　　　　図表5-25　井筒基礎

図表5-26　Ｉ形基礎の例　　　　図表5-27　Ｔ形基礎の例

注：つばの幅は、円筒部直径の２倍程度が強度上効果的とされています。

　その後、電車線柱にコンクリート柱が採用されたことで、基礎の形は大きく変わってきました。

③**台形基礎と井筒基礎の例**

　複線以上の区間など荷重の大きい設備に鉄柱を使用するようになったため、基礎には強度の大きい台形基礎や井筒基礎を使うようになりました。標準的な構造に（図表5-24、図表5-25）のような例がありますが、強度計算は建築物のフーチング基礎の手法を採用しています。

④**コンクリート柱用基礎の例**

　コンクリート柱が本格的に使用され、昭和30年代の国鉄の3000キロ電化の施策が始まった時代に、施工性が良く経済的な基礎の研究が行われ、砕石又はコンクリートで固める円筒状の基礎が開発されました。その後、改良を重ねて標準化され強度計算式も実用化されました。図表5-26及び図表5-27は、その一例を示したものです。

54　いろいろな電柱基礎の工夫

　電柱基礎は同じ強度の設備でも、設置場所による施工方法の違い、周辺設備の制約による形状の変更などがあります。従って、電車線設備の中でも既製品ではなく、唯一の注文品の設備であり、様々な工夫がなされて来ました。

　電柱基礎の設置で最も多い、路盤に設備する場合は53の項で述べましたので、ここでは特殊な条件の設備や工法について、実用化の経緯等を紹介します。

①アンカーボルト式

　アンカーボルト式は、橋梁や高架橋に電車線柱を取り付ける方法で最も早くから使用され、コンクリートや鋼構造の橋脚などに使用されています。図表5-28の例は、施工が土木構造物と一体施工となるため、電気側から荷重条件や接続部の構造等を提示し施工を委託する方法が採られ

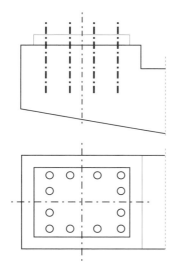

図表5-28　アンカーボルト式の例

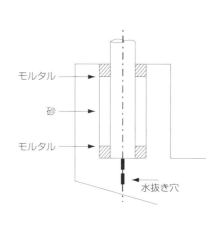

図表5-29　試作基礎

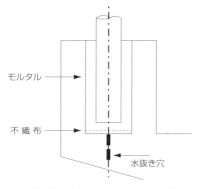

・標準設備でノーメンテナンスが可能
・トータルコスト節減で経済的

図表5-30　モルタル式

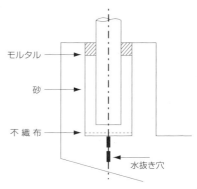

・地震時に電柱破壊の回避が可能
・振動による砂の粉末化が課題

図表5-31　砂詰め式

ます。
- アンカーボルトのサイズと本数は、電柱の条件が基本になるため電気側から提示します。
- アンカーボルトの長さは土木構造物の鉄筋などと関連するため土木側で設計します。

② 投げ込み式

　この方法は、新幹線や都市部の高架化工事が多くなった1965年代に、座板付きコンクリート柱のアンカーボルト式に代わる、経済的で施工容易な工法として開発されました。
- 投げ込み式基礎は委託した基礎穴に、コンクリート柱を差込みモルタル等で固定する基礎の呼び名です。

　図表5-29は試作タイプで、穴寸法は0.5m角・深さは0.7～1.2mです。

③ 投げ込み式の電柱固定方法

　電柱の固定方法は、図表5-30～図表5-31のように基礎穴と電柱間の50mm程度の隙間にモルタル又は砂を詰める二つの方法があります。

④ 電柱基礎機械化施工の課題

　電柱基礎の施工は、一般に運転中の線路近傍で行うため、基礎穴の掘削・コンクリート打ち・電柱建植後の路盤補修など総て人手による作業

でした。

　路盤に設備する電柱基礎の機械化施工は、いつの時代にも大きな課題であり現在も機械化が最も遅れている作業と言えます。過去にも幾つかの工法が試みられたものの、線路近傍の作業環境による制約から決定打がない現状です。

　具体的には
(1) 基礎穴は掘削後放置できないため、井筒型枠などで対応
(2) 掘削と生コン打設の連続施工が難しいため、内枠使用を工夫
(3) 安全な電柱建植に機械化（クレーンの使用）は必須条件……などがあり

　これ等の組合せで、線区に合った安全で効率的な施工が採用されています。

⑤**打ち込み基礎などの例**
・土木部門に委託して施工する場合、杭打工法が応用されています。
・直径0.4〜0.6mの鋼管を深さ3〜5m程度打ち込む基礎が、線路閉鎖間合の長い八高線電化で施工された例があります。

55 電柱番号のはたらき

　電柱番号とは電柱の背番号のことですが、その目的と機能は電柱自体の設備内容を表示するだけでなく、目に見えない電柱基礎の内容のほか、電車線設備に関する色々な情報も表示するものです。

　さらに、線路標識のキロポストと同様な役割を持ち、最近では架線類を含めた総ての保全データに対して、その位置を特定する機能も持つと言えます。

　将来の設備管理や運行管理にGPS（地球測位システム）を活用することも考えられますが、電化区間全域に30～60mごとにその地点を示す符号として存在する意義は大きいといえます。

　具体的な形は図表5-32～図表5-35のようなものですが、ここでは電柱番号標にまつわる話を紹介します。

図表5-32　コンクリート柱用

図表5-33　上屋用

図表5-34　鉄柱用（1）

図表5-35　鉄柱用（2）

① 番号の付け方
・順番は起点を背に1番から付け、上下別を表記する場合もあります。一般に、駅間又は駅構内毎に区切る方法が採られています。
・新幹線では下り線側を奇数、上り線側を偶数としています。駅間が長いため、キロ程10キロ毎に区切る方法が採られています。
・門形構造の場合は本・副などの枝番で区分します。

② 取り付け方
・高さは列車の運転席から見やすいように、レールレベルから2.5mの位置に取り付けます。
・取り付け角度は列車の運転席から見やすいように、線路側に約45°の向きに取り付けます。
・単線の場合、奇数番号は下り列車、偶数番号は上り列車から見易い位置に取り付ける等の工夫もあります。

③ 記載内容
・最近は検測データと対比するため、キロ程も記載します。
・設備内容が確認できるように、電柱及び電柱基礎の種別を記載します。
・設備履歴がわかるように、設置年月（生年月日に相当）を記載します。
・新設工事においては、現場設備の外観では知る事のできない、委託の情報及び鋼管柱の材質と形状を電柱番号に記載する例があります。
・改良工事においては、記載内容が少ない現状をカバーするため、十分な調査を行う事と、工事施工中の設備変形や異音などに対する注意喚起を「工事仕様書」に記載する方法で、施工に伴う事故防止を計っている例があります。

56 支持物と地震・雪

　電車線路支持物は、あらゆる気象条件などを想定して、強度計算を行い経済的にも適切な設備としています。
　強度計算に関する気象条件などの基本事項については、経済産業省令（電気設備に関する技術基準を定める省令）等で定められています。

①**気象条件に関する基本事項**
・風圧荷重は、風速40m/sの風圧を基礎に計算の基準が定められています。
・氷雪荷重は、必要な地域の設備に適用するよう定められています。
・「振動、衝撃その他を考慮し」とされています。

②**電車線路設備の耐震設計**
　電気設備の強度は、これまで上記の気象条件で確認することで、安全が十分確保できるとされてきました。しかし、設備の大型化や新幹線などで設備形態が大きく変化したことと、ここ30年程の間に、宮城県沖地震（1978年）や兵庫県南部地震（1995年）により、電車線路設備も大きな被害を受けた経験から、耐震設計の必要性が再認識されるようになりました。
　耐震強度の計算方法は、大規模地震の被害状況などから土木・建築・電気等の各分野で制定され、そのつど見直しが行われて来たものです。

③**宮城県沖地震と耐震設計法**
　宮城県沖地震では、建設途上の東北新幹線設備に大きな被害があり、電車線路設備に対する最初の耐震設計法が定められました。
　この耐震設計法は、電車線路設備とそれを支える構造物との動的相互作用を考慮して計算するもので、修正震度法と呼ばれ高架上の支持物に適用することとされていました。その骨子は次の通りです。
［荷重］：電車線設備と構造物の組み合わせによる、各種係数（修正係数）を基に最大荷重を算定する。
［強度］：震度5（200gal）で降伏点強度、震度6（300gal）で破壊強度と

比較して判定する。

④兵庫県南部地震と耐震設計法

　兵庫県南部地震では、阪神地区のあらゆる設備に大きな被害が発生し、電車線路設備も高架箇所で大きな影響を受けました。各分野の委員会等で被害の分析と耐震設計法が検討され、電車線路関係では土木構造物の耐震設計法との整合を取りながら、大幅な見直しが行われました。

　この耐震設計法は、これまでの修正震度法をベースに地盤・高架橋・電車線設備の相互作用（共振状態）から最大荷重を算定するもので、動的解析法と呼ばれ主として高架上の支持物に適用することとされています。

［荷重］：電車線構造物の固有振動周期を算出し、土木構造物との共振状態から応答加速度を求め最大荷重を算定します。

(参考) 水平応答加速は、計算実例から高架橋上で1.5〜2.2程度、土構造上の設備で0.6程度が多い。

［強度］：大地震で破壊しない条件として、許容モーメント（Ma）又は許容応力度（fa）を2倍し、構造物計数1.1で割った値を許容値と考えます。

　具体例としてコンクリート柱・鋼材の許容値は、下記のようになります。

＊コンクリート柱： $\dfrac{(Ma) \times 2}{1.1} = 1.818Ma \Rightarrow$ 許容モーメントの1.8倍以下

＊鋼材の場合： $\dfrac{(fa) \times 2}{1.1} = 1.818fa \Rightarrow$ 許容応力度の1.8倍以下

⑤電車線支持物と雪の関係

　電車線支持物で考慮する必要のある雪荷重は、ビームの冠雪荷重と支線に作用する沈降力ですが、ここでは雪荷重に関する対策例などを挙げて見ました。

・スパン線ビームは効果的な反面、改良や調整が非常に難しい
・積雪地帯のVトラスビームは、20m程度以下が望ましい
・鋼管平面トラスビームは、30m程度まで使用可能
・支線は地上2m程度まで防護が必要で、コンクリート製より鋼材製品が良い

57 支持物と風の関係

電車線路の支持物にも色々な設備がありますが、強度検討上最も支持物が影響を受けるのは風です。ここでは支持物の強度に関係する風について考えて見ます。

≫支持物が受ける荷重

支持物を設計する時に強度計算を行いますが、その荷重には水平荷重と垂直荷重とがあります。強度に大きく影響するものは水平荷重ですが、その最大の要素は風による荷重です。強度計算では、台風時の風速40m/sの風圧荷重を最大荷重として適用します。

①水平荷重

水平荷重は、電柱に対して真横から作用する風圧と曲線路による電線類の横張力です。基本的には風速40m/sの風圧値を適用しますが、築堤や橋梁上などのように、強風が想定される場所では風圧値を割り増して適用します。

②垂直荷重

垂直荷重は、電柱が支持するビームや腕金、き電線、配電線、電車線及びその支持金具の1径間当りについて、それらの自重と着氷雪を適用します。

≫風速と風圧荷重

風速と風圧荷重には密接な関係がありますので、強度検討上で知っておきたい事柄を挙げておきます。

①風速

省令などに示されている風速の最大値は、40m/sですが日本においては高温季に台風が多いことから決められた風速といわれています。過去30年間の観測データや伊勢湾台風の観測値などを基に、強度検討に考慮すべき参考データとして用いられています。

通常は最大風速を40m/sとし、高架、築堤、橋梁等では割増しを考慮するようになっていますが、新幹線の例では高架上の設備が多いことから、最大風速を50m/sとしています。

② 風圧荷重

わが国における風圧荷重は、経済産業省令で次のように分けられています。

(1) 甲種風圧荷重

高温季（夏から秋にかけての季節）において風速40m/sの風があるものと仮定した場合に生ずべき荷重。

(2) 乙種風圧荷重

氷雪の多い地方における低温季（冬から春にかけての季節で一般的に強風はない）において架渉線に氷雪が附着した状態で、甲種の場合の1/2の風圧を受けるものと仮定した場合の荷重。

(3) 丙種風圧荷重

氷雪の多くない地方における低温季（一般的に強風はない）や人家が多く連なっている場所等（一般的に風速は減少する）において甲種の場合の1/2の風圧を受けるものと仮定した場合の荷重。

≫ 風圧荷重の適用

強度計算に用いる風圧荷重は、受風対象物ごとの単位風圧荷重と気象条件などから、図表5-36のような区分で適用されます。

地 方 の 別		高温季風圧	低温季風圧
氷雪の多い地方以外の地方		甲種	丙種
氷雪の多い地方	下記以外の地方	甲種	乙種
	冬季に最大風圧を生ずる地方	甲種	甲種及び乙種

注-1 氷雪の多い地方以外の地方とは、おおよそ関東地区から南に位置し、常磐線を含む太平洋側の地区とされています。
注-2 冬季に最大風圧を生ずる地方とは、おおよそ北海道、東北地区から新潟付近の日本海側の地区とされています。

図表5-36 風圧荷重の適用

58 支持物の工事

　電車線支持物の工事は、設備の変遷だけでなく労働市場の変化、さらに安全施工のニーズ等々の要因から、特に1965年代を境に大きく変化しました。

　1965年代までは人力施工が普通でしたが、新幹線用のコンクリート柱が大形化したことと、高架橋上の建植作業が大幅に増えたことから、人力施工が極めて困難となり、電柱建植の機械化が必須条件となりました。

　いわゆる機械化施工は、新幹線のコンクリート柱建植と武蔵野線の架線作業から始まったと言えましょう。その背景として電車線工事の技能者不足と、トラッククレーン等の建設機械の普及が挙げられます。

　この間に、機械化工事用の専用車両が開発され、ローカル線電化工事の施工に使用されましたが、長大間合い設定の難しさ等から定着しませんでした。

　一方、トラッククレーンによる工法が急速に進んだ理由は、専用車両方式と異なり、汎用機械をレール走行用台車に載せる方法等が功を奏した結果と言えましょう。この専用台車は通称低床トロと呼ばれ、レールに載せる車両に応じた台車が工夫され急速に普及しましたが、その後、走行用鉄輪を装備する軌陸両用の工事用車両が工夫され作業効率が飛躍的に向上しました。

　人力施工から、機力施工に至る代表的な作業方法の概要を紹介します。

≫人力施工
①二又工法 （図表5-37）
　初期の電柱建植は、段掘りした基礎穴へ木柱を直接建て込むものでした。その後、重量の大きいコンクリート柱時代となり、二又台棒で電柱を建植する工法に変わりました。
②1本台棒工法 （図表5-38）
　この工法は、主としてビームの施工に使われたもので、吊り上げたビ

ームを設置する高さで自由に振り回せる特長があります。

両工法とも檜台棒を使用しましたが、二又工法の場合は2本のトラ綱を、1本台棒工法の場合は4本のトラ綱を張るという違いがあります。

≫機械化施工

①オンロード工法（図表5-39）

この工法は、トラッククレーンが道路走行時の状態のまま施工するものです。

②オンレール工法（図表5-40～図表5-42）

この工法はレール上に載せたクレーン車で施工するもので、最初は低床トロ工法と呼ばれ、その後軌陸車工法と呼ばれるようになりました。

≫軌陸用車など

軌陸車とは、小型トラックを改良し道路走行のゴムタイヤと、その前後に鉄輪を装備し、道路と線路を走行できる車両の名称です。支持物工事ではバケット付き軌陸車（作業車）を腕金や下束の作業に使用しています。これらの他にクレーン搭載車、小型ミキサ車、小型ダンプトラック等があります。

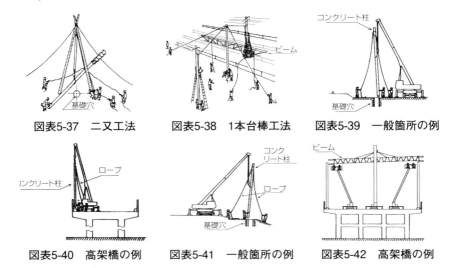

図表5-37　二又工法　　図表5-38　1本台棒工法　　図表5-39　一般箇所の例

図表5-40　高架橋の例　　図表5-41　一般箇所の例　　図表5-42　高架橋の例

59 支持物の新技術

　電車線路用支持物は、長い耐用年数を条件に素材や形状を選定し、設計・施工・保全を行う設備のため、簡単に内容の変更や方針を変えることが難しい設備です。

　現在稼動している設備も、その時代の技術レベルや材料供給の容易さ、さらに経済性等を検討し、最適なものとして設備された筈です。従って、建設工事の場合は当然の事ですが大幅な改良工事などを計画・設計・施工する場合も、将来を見通した設備としなければなりません。

　なお、過去の経緯や失敗などを下敷きに、工事環境の変化も考慮し、望ましい設備や今後の方向などについて紹介します。

①電柱基礎

　電柱基礎は、線路近傍の設備という宿命から、安全施工が最大の条件です。具体的には、掘削穴の崩壊防止と作業員の安全、更には電柱建植の作業が安全で迅速に行えることに尽きるといえます。

　これまでに工夫や改良された設備形態及び工法など

・円筒状基礎…………I形基礎で経済性の向上
・ツバ付き基礎………T形基礎による盛土箇所での強度の向上
・形枠使用基礎………井筒等の使用で地山の崩壊を防止し安全性の向上
・中抜き基礎…………内側型枠の使用で建植作業の安全性向上と作業の迅速化
・生コン使用基礎……内側型枠の使用と生コンの集中打設で作業の効率化

＊上記各基礎も掘削作業は殆ど人力施工が実態で、機械化が最も遅れている分野です。過去に幾つかの機械施工が試みられましたが、振動で鋼管を3～4m打込む方法が実用化に近いと思われます。但し下記課題の解決がポイントです。

・作業騒音と振動の対策……………………………油圧による圧入など
・地中埋設物への支障回避の対策………………適切な予備掘削など
・適切な鋼管外径と許容モーメントの確認……構造と強度試験など

②電　柱

　電柱の選択は、これまで経済性即ち建設コストを最も優先する考えから、コンクリート柱が最適との判断で使用されてきました。しかし、これからは施工性・保全コスト・耐震性・環境問題等も検討対象に加え、総合的に判断する必要があると思われます。

　特に連続する高架橋や都市部の用地事情の難しい箇所では、施工性・景観問題などを考慮することが求められます。その点で鋼管柱は下記のような多くの長所を持っているため、大量使用によりコスト低減を図ることで、次世代の電柱として注目される素材といえます。

・外径を統一しながら強度が任意に選べる……管厚と材質の選定
・高架橋などの耐震設計で極めて有利…………固有振動周期の調整
・電柱とビームの組合せで景観設計上便利……加工性と接続構造が自在
・高架橋などとの接続部の構造設計上便利……投込式・ボルト式が自在

③ビーム

　ビームは、電柱との組合せ方又はビーム独自の構造という面で、これまでに設備されて来たものにも色々な構造があります。ビームも電柱と同様に経済性即ち建設コストが選定の大きな要素だったため、形鋼のボルト組み立てが主流でしたが、篭ビームなどの設備から溶接組み立て構造になりました。

　最近進められている電路設備簡素統合化工事などで、鋼管ビームが大幅に使用されるようになりましたが、このビームは構造が簡単なだけでなく、景観調和などデザイン面でも設計の自由度が高いため多用される傾向にあります。

　鋼管ビームを単一材で構成した場合、20mを超えると強度とたわみに問題があり、当初2段構造のビームを採用しましたが、この構造は重量が大きく不経済なため、溶接構造の鋼管平面ビームが検討されました。

　鋼管平面ビームは、懸案のねじれに対する課題も試験で解明され、30m程度まで使用可能なことが確認されました。その結果、V形トラスビームに代わる次世代のビームとして期待されています。

60 失敗のはなし（支持物の変形と破壊）

　電車線用電柱の多くは鉄道の路盤に建植されていますが、新幹線などのように高架橋の場合は、橋脚・橋台又は橋桁に直接取り付ける等の方法によっています。路盤の場合は基礎も含めて電気工事で施工しますが、高架橋などの場合は基礎部を土木工事の一部として施工するのが一般的です。
　いずれの場合も設計段階から、電車線の径間と土木構造物との調整が必要になります。設備して間もない新設路盤、橋梁や高架橋が河川又は道路と斜めに交差する場所などは、色々な問題が発生しますので注意が必要です。

①**新設路盤の片やり出し構造物が変形**
　電化工事に伴い車両基地などを新設する場合、かなりの用地を必要とするため、路盤の造成や引込み線の新設などを伴います。そして、用地取得や立地条件から必ずしも地盤の良好な場所ばかりとは限りません。この例は自然地盤の弱い泥炭層地帯に新設した引込線の路盤に、片やり出しの構造物を設備したものです。路盤が落ち着く段階で、電柱基礎部に沈下現象（二つの基礎に不等沈下があったと推定）が発生し電柱が大きく変形した例です（図表5-43）。
・新設路盤では程度の差はあるが沈下現象が発生します。
・片やり出しの構造物は不安定の要素があります。
・できるだけ門形構造とすることが望ましいといえます。

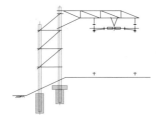

図表5-43　片やり出し構造の概要図

②V形トラスビームが捻れ変形

道路と大きな交差角を持つ架道橋の橋台に、電化柱を建植し約15mのV形トラスビームを設備しました。交流電車線2条を下束と可動ブラケットで支持したところ、ビーム中央部に大きな捩り荷重が発生したため、捩れ変形した設備の例です（図表5-44）。

このV形トラスビームは、電車線に対して約40度の角度で設備されたため、横張力が原因で捻れ変形したものです。

・図表5-44の後方の可動ブラケットを撤去して電車線を直ちょう支持に変更し、前方の可動ブラケットは、ねじれ荷重を打ち消す効果があるので残しました。

図表5-44　V形トラスビームの捻れ

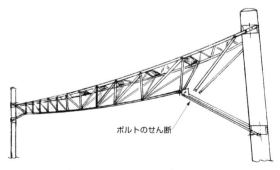

図表5-45　V形トラスビームの変形

・後方の電車線は、曲線引装置を電柱に付け、ねじれ荷重の一部を除きました。
・ねじれ変形を戻したあとV形トラスビームは、総ての組立てボルトを追締めしました。

③V形トラスビームが冠雪荷重で変形

　交流電化の場合、ビームに加わる垂直荷重は比較的小さいことから、約24mのV形トラスビームを設備しましたが、予想を超える冠雪荷重によりビームの一部が変形した例です（図表5-45）。

　積雪の最も多い地区ですが、これまでの冠雪では捻れ変形を認める程度でした。しかし新設から約30年後に比重の大きい降雪が継続したため、予想を超える冠雪で、先ずV形トラスビームの下部バンドに滑り現象が発生し、その結果第1間の斜材ボルト2本が破断、V形トラスビームが大きく変形したものと想定されます。

　このビームには冠雪を少なくする目的の設備がありましたが、効果が少なかったようです。恒久対策として冠雪の少ない鋼管平面ビームに取替えました。

コラム⑫　信越線横川・軽井沢間のアプト式鉄道の集電方式

　日本の東西の輸送を担った亘長11.2kmの短い区間でしたが、勾配が66.7‰のほぼ直線の急勾配線区でした。

　1893（明26）年4月にアプト式の蒸気機関車でのけん引方式で開業しましたが、峻嶮な地形のため26箇所のトンネルを掘削しました。このトンネルは電気運転を想定したものではなかったため、極めて狭隘ないわゆる狭小トンネルでした。

　1912（明45）年5月我が国初の電気運転開業にあたり、外国からの輸入電気機関車を皮切りに改良や研究を行なった結果、最終的には国産のED42形が、その主役として活躍しました。この機関車の受電方式は、機関車の下部に**集電靴**を取付けて、線路サイドに敷設された第三軌条から集電しました。第三軌条を**集電靴**で約6〜9kgの圧力で押上げて集電する方式ですが、駅中間はこの方式が定位でした。駅構内には人が横断する通路や作業用の通路等があるため、第三軌条を敷設できない個所もあります。そのため駅構内はパンタグラフからの集電が必要となるので、機関車の屋根上片側にパンタグラフ一基を設備し集電しました。

　駅出発時と到着時には**集電靴**集電とパンタグラフ集電の切替えが常に必要でした。

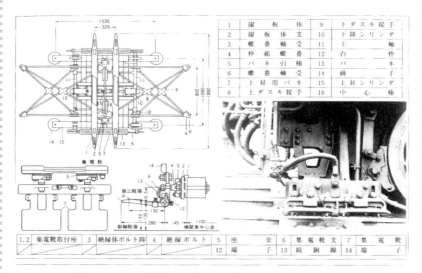

図表H　ED42型パンタグラフと集電靴図（左下、右側）

第6章
諸設備のはなし

61 雷から電車線路を保護しているのはなにか

　雷さまには毎年驚かされたり、危険を感じたりすることが恒例となっていますが、電車線路も「雷さま」は脅威なのです。ひとたび襲雷で被害を受けると、事故探索に長い時間がかかり、お客様に多大な迷惑を掛けてしまいます。ここでは、電車線路を雷から保護する代表的な2つの設備を紹介します。

①雷から電車線路を保護する架空地線

　直撃雷や誘導雷から電車線路や機器を防護する架空地線です。これは、過去の雷害発生実績や年間雷雨日数（I・K・L）等から、雷害が発生する可能性のある線区に施設しています。

　架空地線は、電車線路設備の最上段に設備されますが、電車線路設備はき電線およびき電線とほぼ同位置の高さに高圧配電線が設備されています。そして最下部に電車線があります。高圧配電線は電車線路設備ではありませんが、架空地線でカバーするために仲間に入ります。架空地線が最上段に設備される理由は、しゃへい角が物をいうからです。架空地線のしゃへい効果は、図表6-1、図表6-2に示すようにしゃへい角45度程度が最も効果がある角度といわれています。

　「電気設備の技術基準」によれば架空地線には、引張強さ5.26kN以上のもの又は4mm以上の裸硬銅線を使用することになっていますが、線種は機械的強度や価格等から亜鉛メッキ鋼より線が使用されています。

②雷から電車線を保護する避雷器（アレスタ）

　電車線路及びき電線路並びにこれらに付属する機器を雷による被害を防止あるいは最小限に抑えるため、アレスタの設備は、襲雷頻度、雷の発生頻度、機器の設置状況等様々な観点から考えなければなりませんが、「解説　鉄道に関する技術基準」によれば次のようになっています。

・直流区間

(1) 直流の電車線路又はき電線路には、電車線の電気的に区分された区間ごと。

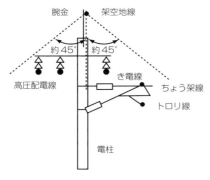

図表6-1　架空地線の設備例　　　　図表6-2　架空地線の設備状況

　一般箇所では約1キロメートル間隔で配置し、I・K・Lにより設置間隔を変更する。
(2) 変電所等の架空き電線のき電端。
　変電所等のき電線引出箇所やき電線の引留め箇所に設置する。
(3) 絶縁強調の面からみて弱点となるトンネルの両端。
・交流区間
(1) 単巻変圧器き電方式の単巻変圧器の一次側。
(2) 吸上げ変圧器き電方式の吸上げ変圧器の一次側及び二次側。
　架空地線やアレスタには、接地装置で雷サージを大地に瞬時的に逃がす責務があります。雷サージを確実に大地に逃すためには、低い抵抗値が理想ですが、地盤や土壌の条件により抵抗も違いますので、標準的な接地抵抗値を決めています。

62 電車線路の地絡事故は、どのように保護するのか

　電車線路に発生する電気的事故には、地絡（電線の接地）やせん絡（がいしのフラッシオーバ）などがあり、大きな事故電流が流れるため設備に損傷が発生します。このような事故電流を瞬時に遮断し、設備を守る仕組みを保護設備といい、直流の場合と交流の場合とではその方式が少し異なります。

≫直流の場合の保護方式

　直流1500Vの電車線路で架線の接地、がいしの地絡事故等が発生した場合は、最寄りの変電所で事故電流を検出する装置等が作動し、高速度遮断器でき電回路を瞬時に開放するシステムを採用しています。しかし、踏切等でクレーンがトロリ線に接触し断線して接地したような場合には、高い抵抗の接地事故となるため事故検出ができないことがあります。
　このシステムでは、運転の継続を図る目的から、一度だけ遮断器を自動で投入しますが、再度遮断した場合は、現地調査に出向き状況を調査し事故復旧が完了するまでは、感電の危険を避けるため送電することはできません。

≫交流の場合の保護方式

　交流の場合は、同様なシステムでき電回路を瞬時に開放しますが、自動で再閉路し、失敗した場合は直流の場合と同じ処置を行います。しかし、交流電車線は特別高圧であり、き電回路も長いため事故を確実に把握する必要から、各がいし支持点にせん絡保護設備を設けています。この設備は、BTき電方式とATき電方式で少し異なる部分があります。

①BTき電方式

　BTき方式では、全線に亘って設備されている負き電線と電車線など20kVの設備を支持するがいしとの間を、図表6-3のような地絡導線で結び、せん絡現象が発生したときに金属回路を構成し、事故電流を確実に

図表6-3　地絡導線

図表6-4　新幹線の設備例

遮断する方法を採用しています。

②ATき電方式

　ATき電方式の場合は、負き電線に相当する設備としてAT保護線が全線にわたって設備されています。なお、AT保護線の支持方法には、がいしを使用せず直接支持する場合と、負き電線と同様がいしで支持する場合とがあります。

(1) AT保護線・直接支持方式

　この方式は、AT保護線だけでなくATき電線や可動ブラケット等を支持するがいしのマイナス側も大地から絶縁しないで直接ビームや腕金に取付け、腕金用バンド間等を導体で接続する方式で、主として駅中間で使用されています。

(2) AT保護線・絶縁支持方式

　この方式は、BTき方式と同様な設備ですが、負き電線がAT保護線に代わった設備となります。この方式は、地絡やせん絡事故が発生した場合、人が近付く設備の対地電位が上昇する恐れのある場所に適用し、主として駅構内で使用されています。

③新幹線のせん絡保護方式

　新幹線の設備は、電圧が高く地絡やせん絡事故が発生した場合、対地電位の上昇が大きくなるため「AT保護線・絶縁支持方式」が使用されています。図表6-4は、駅構内のATき電線・可動ブラケット・AT保護線及び地絡導線の設備例です。

63 電車線路の標識と標

電車線路設備は多種多様の種類がありますが、単純に電気車を走らせる十分な機能を持っていればよいだけではなく、設備の設置条件や危険な状況等を運転士や一般公衆に知ってもらう必要があるため標識類を設けています。その標識類には代表的な設備として次のようなものがあります。

≫電気車の運転士に知らせるための標識
①架線死区間標識
交流の異相突合せ箇所及び直流と交流の切換箇所には、異相の交流又は直流と交流が混触しないように、デッドセクション（死区間）を設けています。

電気車はその区間を惰行で通過する必要があるため、死区間の始端には線路の左側に架線死区間標識を設け、さらに架線死区間標識手前の定められた距離内に架線死区間予告標を設けています。

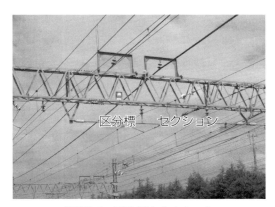

図表6-5　区分標とセクション

②架線終端標識

架空電車線の終端には、電車線がその先には無いことを知らせるため、線路の左側に架線終端標識を設けて電気車の進入を防止しています。

③電車線区分標

駅構内や車両基地等では電気的な区分装置が比較的多く設備されていますが、区分装置箇所ではノッチをオフし惰行で通過するルールがあります。その場所を運転士に知らせるために区分装置の始端で努めて左側に設けます（図表6-5）。

④惰行標

架線死区間の150m〜200m手前には、運転士に惰行箇所を知らせるため、惰行標を設けます。

⑤力行標

死区間を通過しノッチオンをしても良い場所に、力行標を設けます。

≫ 施設社員等に知らせるための標識

①電柱番号標

電柱には電車線路設備の設備管理を目的として、電柱番号、建植年月、電柱長さ、電柱基礎種別等を記載した電柱番号標が取り付けられていますが、何らかの事故が発生した時に、その場所を的確に報告するのに便利であり、施設関係や時には乗務員も利用できる標です。

図表6-6　注意標の例

②ケーブル埋設標

　地中ケーブルを布設する場合には、埋設径路を表示するための埋設標を設けます。

≫一般公衆等に注意を促すための標識
①踏切注意標

　自動車を運転する人に対して注意を促すための標です。この目的は、電車線のレール面上の高さを4.8m以上とし、自動車の積荷の高さに対する注意を促すためと、電車線が高電圧で加圧されていることを知ってもらうために設けられています。歩行者のみが通行する踏切では、立札式の注意標を設置して注意を促しています（図表6-6）。

②こ線橋等の標識

　電車線などが高電圧で加圧されていることを知ってもらうために設けられています。標識の形式は定められていませんが、いたずらなどによる感電事故等を防ぐために、子供が見て危険とわかる標識を取り付けています。

　これら電車線路の標識類は、鉄道の交通標識といえる大切なものです。

第7章
電車線路と安全のはなし

64 電車線路と事故防止

　電車線路の安全は、鉄道という輸送業の中でどのような位置付けになるでしょうか。鉄道の安全を考える時に最初に頭に浮かぶ事は列車が脱線したり、転覆するような極めて重大な事態の発生であると誰もが思います。2005年に発生した、列車転覆による大惨事が社会を震撼させたのは記憶に新しいところです。

　列車を安全に運行させるためには、運転に携わる担当者は直線路・曲線路での科学的に裏付けられた制限速度の遵守が使命です。保線・土木の担当者は線路とその周辺の設備に関する保全や工事が大きな責務です。同時に、それらの作業に伴う作業者の生命を守る事故防止も大きな責務です。

　ここでは、電車線路の仕事を行う上での人命にかかわる事故防止について紹介します。

≫ 電車線路の事故の種別

　電車線路の作業は、高い電圧のかかった設備の作業、常に5m以上の高所の作業、さらに列車が高速で走る線路の周辺で行われる作業等のため、過去においていろいろな死傷事故が発生しましたが、次のような事故例があります。

①感電

　高所における作業はき電線、電車線及び配電線等が張り巡らされているため、全停電でない限り活線または活線近接作業となります。その際、感電事故を防ぐために絶縁手袋・絶縁長靴・絶縁肩あて等の絶縁防具を身につけて作業を行うことが義務づけられています。しかし、防具を身につけなかったり、防具の確認漏れで防具に穴が開いていたために感電する事故がありました。

②墜落

　高所作業を行う際は、転落防止のため安全帯を着用することが義務づ

けられていますが、着用を誤ったり、体勢移動等のため外したりした瞬間に墜落するという事故が発生しました。

③感電・墜落

活線又は活線に近接した作業で、安全帯不着用のため感電し墜落するという二重のミスによる事故例がありました。1963年、はしご上の作業員が、絶縁手袋に穴が開いていることを知らずにちょう架線とビームを掴んで感電し、墜落した身近な事故が痛く思い起こされます。

④触車

線路内又は線路近傍で作業を行う際は線路閉鎖や列車見張り体制で行いますが、体制に入る前後に独断で線路に接近して列車に触車するという痛ましい事故例がありました。

これらの事故防止のために幾多の対策がなされてきましたが、顕著な実効は上がりませんでした。その後、あらゆる角度からの事故防止に対する検討が行われ、痛ましい事故からの根絶努力がなされて、現在では次のような方策が定着し、実効があげられている例を紹介します。

≫ 電車線路の事故防止施策

①感電事故防止

活線や活線近接を禁止し、停電で行う。

②墜落事故防止

(1) 昇柱等の場合、安全帯のほかに補助ロープで二重に墜落防止をする。
(2) 線路を走行する軌陸車の作業台上で作業を行う。
(3) 墜落事故のない設備を目指す。例えば、高所のき電線をき電ちょう架線とした架線方式や配電線を地表に設備したケーブル化等です。

③触車事故防止

線路内及び線路近接作業は、原則として線路閉鎖で実施する。さらに、線路閉鎖の前後の作業も、安全確保に対する体制を整えてから作業を行うルールになっています。

65 電車線路と離隔距離

き電線や電車線は、こ線橋と接近して接地（アース）したり、電線の断線等によって、電車線路設備、他の工作物、人に対して被害を及ぼさないようにするため、必要な距離（離隔距離）を確保して設備しています。

電車線路の離隔距離は、電車線路と他の電線やこ線橋・建物等との離さなければならない距離のことで、最短の距離です。したがって、この距離以上の数値が確保されていないと、気温が上昇（下降）したり、台風が襲来したときは、電線同士の接触や電線の接地によって、停電や電線の断線等の不具合が発生します。

電車線路では、対地離隔距離（対アース）、他の電線と接近したり交差する場合の離隔距離、作業上必要な離隔距離等があります。

離隔距離は設計・施工の場面で確保することが、安全な電車線路設備の前提条件になる、基本的な重要な指標です。この離隔距離は電車線の

図表7-1　直流き電線のこ線橋との離隔距離

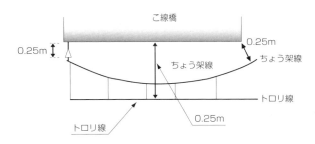

図表7-2　直流電車線とこ線橋との離隔距離

高さ、電柱の長さ、他の電線との離れにも影響を与えます。

①**対地離隔距離**

電車線路と接地物との離隔距離のことで、対地絶縁離隔距離ともいっています。接地物には、電車線支持物・こ線橋・トンネル・橋りょう・駅プラットホーム上家等があります（図表7-1、7-2）。

但し、変電所に事故を検出する装置等を設置した場合は図表7-1、7-2の数値よりも短縮することができます。これらの図の例は、き電線や電車線とこ線橋等との離隔距離を示しています。

通常の設計や現場施工において、検討する場合が多い事例です。

②**他の電線と接近したり交差する場合の離隔距離**

図表7-3は高圧線（ケーブル）と直流き電線との接近する場合の離隔距離の例です。

設計・施工では、高圧線がケーブル、絶縁電線、裸線の場合があり、その状況により、離隔距離が異なります。

③**作業上必要な離隔距離**

対地離隔距離、他の電線と接近したり交差する場合の離隔距離については、鉄道に関する省令の解釈基準に例示されていますが、作業上必要な離隔距離は、人の安全の観点から、労働安全衛生法に示されています。例えば、高圧活線近接作業の場合において、高圧線に接触、接近距離内で作業する場合についてその場合の対処方法が記してあります。

以上の離隔距離の外にも、自主的に会社としての離隔距離を決めているところもあります。

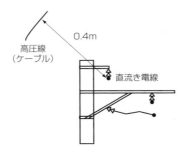

図表7-3　直流き電線と高圧線の離隔距離

66 踏切の安全対策

踏切での事故は、鉄道関係者の事故防止へのさまざまな努力にもかかわらず後を絶たない状況で、時々メディアで報道されています。ここでは踏切での電車線路設備の安全対策について説明します。

≫ 国土交通省令による踏切道と踏切保安設備について

「鉄道に関する技術上の基準を定める省令」では、「踏切道は、踏切道を通行する人及び自動車等の安全かつ円滑な通行に配慮したものであり、踏切保安設備は、踏切道通行人等及び列車等の運転の安全が図られるよう、踏切道通行人等に列車等の接近を知らせることができ、かつ、踏切道の通行を遮断することができるものでなければならない」と定められています。これは身近にある踏切警報機、踏切遮断機、踏切支障報知装置等の設置を意味しています。

これらの設備は、電車線路の設備ではありませんが、踏切道の通行に伴う最も基本的な内容を省令で定めているので紹介しました。

≫ 電車線路に関する踏切道の安全対策

自動車の通行する踏切道における電車線路に関する安全対策として、電車線の高さは道路構造令で制限する高さを基準として定められています。以前、交流の架空電車線の最低高さが4.8m以上とされていましたが、改正されて現在では、踏切道では自動車交通に支障を生じないようにするとともに、感電事故を防止するため、き電電圧にかかわらず4.8m以上の高さを確保することが規定されています。

その他細部については省令など法的には特別な規制はありませんが、「旧普通鉄道構造規則」等を踏襲して、現在もほぼ同じ内容で設備されていますので、その内容を紹介します。

①電柱の建植位置

自動車等の通行する踏切に隣接する電柱（踏切注意柱は除く）は、踏

切での事故発生の場合に、電柱を倒壊して障害が拡大する恐れがあるため踏切縁端からできるだけ離して建植しています。

② **電線類の高さ**

踏切道を横断する架空き電線及び交流の負き電線の高さは、人又は造営物に対する危険や交通上の障害を考慮し踏切道面上5m以上です。

③ **トロリ線の高さ**

トロリ線の高さの制限は、「33 電車線の高さ」の項で紹介しています。

④ **踏切道における注意標の設置**

「自動車の通行する踏切道上に交流の架空電車線を架設する場合には線路の両端で、かつ、道路の上方にビーム又はスパン線を設け、これに危険である旨の表示をすること」が規定されています。

これは交流の架空電車線が特別高圧であるため、自動車の積載物等に触れると大きな被害が生ずることとなるので、これを防止するため、交流電車線に対する危険表示を目的に定められたものです。

具体的には、固定ビームかスパン線に制限高さの注意標と踏切柱に高圧注意の標を設備し、車の通行しない踏切には、電車線が高圧であることを示す立札式の注意標を踏切の両側に設備して注意を促しています。スパン線式、固定ビーム式ともに道路構造令の適用を受けるため、踏切道路面上の高さは、占有物制限高さから4.5m以上に設備されています。

この設備は交流の架空電車線に規定されていますが、直流の架空電車線にも準用しています。図表7-4は踏切スパン線と注意標の例です。

図表7-4 踏切スパン線と注意標の例

67 電車線路作業とルール

　作業中に電車が突然進入して来たら、人的な大惨事になってしまいます。そんなことは、万が一にもあってはならないことです。
　電車線路の作業は、そのほとんどが線路内に入って、さらに高所で行うことが特徴です。したがって、平常ダイヤから列車の運行が無い時間帯をさがし、必要な手続きをとって作業をすることになります。

≫作業の範囲
　作業を行う場所は大きく分けて、場所を特定して行う「固定の作業」と次々と場所を変える「移動の作業」があります。
①固定の作業
　電柱の建植や固定ビームの取付け等支持物の大きなものを扱う場合は、時間もかかりますので、次の場所への移動の要素は少なく固定場所での作業となります。
②移動の作業
　「移動の作業」は移動を伴う作業と、移動をしなければならない作業の２種類があります。前者は、連続して比較的短時間に作業を行うことのできるブラケットビーム等の取替え作業、後者は、き電線やちょう架線・トロリ線の架設等施工範囲の広い作業です。

≫作業を行う上での条件
　線路の中で電柱・ビーム・き電線・ちょう架線・トロリ線等を扱う作業は時間的にも余裕のあることが必要ですが、最も大切なのは人命を守って安全に作業を完遂することです。そのために２つの大きな条件をかならず準備します。
①線路閉鎖で行う作業
　作業を行う範囲に前後の余裕を持たせた区間を特定し、その範囲には列車やその他の車両が入ってはいけないことを運転関係、駅関係、施設

関係に周知徹底させる手続きをとって行う「線路閉鎖工事」といわれる作業です。

②き電停止で行う作業

　線路の上空にはき電線、電車線、高圧配電線等の高圧電線が張り巡らされています。そのままの状態では、いつ、感電事故が発生するかわかりません。その危険から人命を守るために、区間を特定して「き電停止工事」という停電での作業を行います。なお、高圧配電線の停電が必要の時には、停電手配をとります。

　この場合、「線路閉鎖」の区間と「き電停止」の区間は必ずしも一致するものではありません。一般に「線路閉鎖」の区間が「き電停止」の区間より短くなります。その理由は図表7-5のように「き電停止」の区間が変電所間または変電所からセクションまでとなるためです。

　では、2つの条件を徹底して守れば、工事中に電車が進入する可能性はないかといえば、その危険性はあります。

③ディーゼル車の進入

　線閉区間に突っ込む危険性があるのは、電車線が停電になっているとすれば電気車ではなく、ディーゼル車がなにかの間違いで進入する可能性があります。

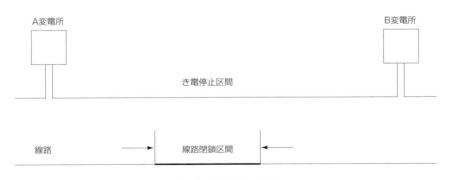

き電停止区間と線路閉鎖区間との関係

図表7-5　き電停止区間と線路閉鎖区間との関係

④電気車の停電区間への進入

　電車線の停電区間は区分装置を介して区分されています。き電区間からき電停止区間のセクションにちょうどパンタグラフが入ってしまうと短絡をするので、停電区間に電気が送られてしまい感電の危険が生じます。

　これらの重大事故を防ぐためには線路閉鎖・き電停止を関係者や関係機関に徹底するとともに、バックアップとして保安装置や保安機器を使用しています。

コラム⑬　気づき

　電車線路の仕事（設計・施工）の周りで起きている問題点に気づき、それを認識・理解したうえで、自分としてどのように評価するのか、また、問題に対してどのように行動するのかを考えることです。

　つまり、**気づき**、**理解**、**評価**、**実行**です。気づいただけでは、問題解決にはなりません。

　例えば、こ線橋下に支持されているき電線です。夏場の暑い盛りに現場巡回をしていた時に、き電線を見たらオヤッ何か離隔距離が少ない（**気づき**）ように思いました。普段離隔距離を意識しているかどうかです。他でも線路側の樹木でも同じことです。この時は測定器具は、持っていないので後日、測定器具で離隔距離を測定してみました。

　測定場所は、レールレベル又は地盤からこ線橋を挟んだビームに支持したき電線の高さ（両端）、こ線橋下面のき電線高さとこ線橋下面の高さです。測定した日時とその時の温度を記録します。

　測定記録を事務所に持ち帰り、早速今年の冬は無事に越せるかどうか簡単な計算をします。つまり冬季にき電線がこ線橋に接地するかどうかです。もし接地することにでもなれば一大事です（**理解**）。最悪の場合、それはき電線が断線します。また、その時にたまたま、こ線橋に子供が手すり寄りかかっていたりでもしたときには、感電の可能性も考えられます。

　計算した結果が、2通り考えられます。（**評価**）
①冬季に温度低下したときでも、必要な離隔距離が確保されている場合（会社の**実施基準**には、最低温度と必要な離隔距離が決めており、いずれもクリアしている）
②最低温度で、こ線橋に**接地**するおそれがある場合です。
　問題は②のパターンです。
　電車線路の対策は、ひとつとは限りません。（**実行**）
　まず考えられる方法は、①こ線橋の両端に腕金（固定ビーム上などに取り付け、き電線などを支持するための構造物）を使って、トンネル用がいしで支持する。②将来のことも考えて、こ線橋箇所はき電ケーブルで対策する。③予算と時間の関係で、とりあえずはき電線保護カバーを取り付け、冬季を乗り切る。

　この他にも、いろんなやり方があるでしょう。この場合は、工程、予算、設計、施工、保全のことを考慮し、総合的な判断が必要です。

68 電車線路の作業はいつやっているのか

　鉄道を利用されているお客様は、ダイヤの定時性を最も期待していることは明白です。その期待に応えるには、日常の保全と設備改善のための工事が必要です。
　工事や保守の作業は、以前は昼間でもホームや道路から結構目にすることは多かった時代がありましたが、現在では、駅でのエスカレータ・エレベータ等を新設する工事やメンテナンスの作業を目にするくらいで、線路や電車線の作業をしている姿を見ることはまずありません。
　でも、人目に付かないところでしっかりと工事や保守の作業は行われているのです。現在では、そのほとんどは夜間、皆さんが寝静まった頃に行われます。
　工事や保守の作業は、事故の発生と切り離しては言い尽くせない密接なかかわりがあり、その体制作りは事故の教訓からできているといえます。

①電車線路の工事の環境
　電車線路の工事や作業は、加圧電線の近傍、５ｍ以上の高所、線路の近傍で行われるのが実態です。この様な環境では、加圧電線との接触での感電、高所からの墜落および待避の遅れで触車という３大事故の危険性があります。そして、これらの事故は、すべてが重大事故となる可能性があります。

②事故を防止するための対策
　感電事故の防止のために、活線や活線近接での作業には、絶縁手袋・絶縁長靴・絶縁肩当て・活線部を被覆する絶縁シート等の使用が義務付けられています。
　ビームの上や電柱の頂部で行う梯子作業には、墜落事故の防止のために安全帯・補助ロープの併用を義務付け、線路の近接作業では、触車事故の防止のために列車見張り員の適正配置・列車接近警報装置の使用等が指示されました。しかし、これらの事故防止対策にも不徹底がありま

した。

③事故防止を徹底するための対策

　貴重な人命を、どうやって守るかの様々な議論や検討が徹底的に行われ、また、機械力の導入も大きく進展し、事故防止の根本的な理念を徹底することが行われています。具体的には、工事や作業は①停電して行う、②工事用車両の上で行う、③線路閉鎖で行う、の基本的な3点です。停電で行えば、感電事故の防止ができます。工事用車両の上なら、墜落の防止ができます。そして、線路閉鎖で行うことにより、列車が入って来ない安全地帯で触車事故の防止ができるというわけです。しかし、この施策は当初、工事や作業の効率が悪いと懸念されて不評でしたが、工夫をして、現在は定着し事故防止に大きく貢献しています。

④夜間に行われる工事や作業

　このような背景があって、電車線路の工事や作業は終電から初電までの間、夜間の寝台列車や貨物列車のある路線では列車の間合がある時間帯、また、ローカル線などで昼間に列車の間合がある路線では、その間合を有効に利用しているのが実情です。これらの方策は、鉄道会社全社が一律に実施しているわけではなく、各社それぞれの方策でやっていることですが、私たちが身近に体験している例を紹介したものです。

　その様な背景から、現在では、昼間の時間帯で電車線路の工事や作業を駅付近や道路から目にすることはあまりありません。

⑤長大間合による工事

　電力会社が、昼間、道路片側交互通行で工事をやっていますが、10数年以上前から鉄道会社でも、昼間の時間帯で特定区間を限定し、長大間合を確保して列車を運休しバス代行を行なって、集中的に工事を施工しています。バス代行ですのでお客様には迷惑でしょうが、施工する立場からは、作業を昼間の施工条件の良い環境で、効率的に行うことができます。これらの工事は、施工日の相当前から電車の中や駅の掲示、放送案内等でお知らせし、お客様の協力をお願いしているのを目にします。

69 電車が走っている区間の一部を停電できるのか

　電気鉄道は、直流1500V方式、交流20kVのBT・AT方式、新幹線の25kVのAT方式等電気の種類や電圧は違いますが、始発駅から終着駅まで、電車線路に常時電気が送られていなければ電車は走れません。

　ところで、電源が1つで電車線が1つの電気回路だったとすると、どうなるでしょうか。太い断面のき電線を使ったとしても、末端の電圧を必要な電圧範囲内に確保するためには電気を送れる距離には限度があり、直流1500V方式の場合、せいぜい数キロまでといえます。従って、電気鉄道は多数の電源（変電所）を持ち規模の大きな電気回路（き電回路）になっています。これが1つのき電回路だったとすると、トラブルが発生した場合には全線が停電となってしまい大混乱が発生します。電車線の電気はどこかで区分することが必要です。

≫電気的区分の必要性

　上記の理由から電車線は適切な長さで区分し、地絡や短絡等の事故が発生した場合、部分的に電気を止めて事故復旧をすることで電気運転への影響を少なくする仕組みを作っています。この仕組みを図にしたものを「き電系統図」といい、関係者の「虎の巻」になっています。

≫電気的区分の概要

　電車線は電気的に区分する設備を区分装置といい、変電所・区分所や大駅構内の出入口等に設備されています。そして「電気的な区分の組み方」には大事な原則があり、そのおもなものとして次のような例があります。

①**上下線別とする**

　一般に上り線と下り線を電気的に区分し、大きな駅の側線は運転系統の用途により上下いずれかに区分します。

②**方面別とする**

変電所（電源箇所）からは起点・終点方面別に区分します。
③ **運転所等を区分する**
運転所線・電留線・車両基地線等を分離します。
④ **電圧位相別に区分する。**
交流と直流の境界を区分し、交流区間は位相別に区分します。

≫ 電気的区分とき電系統（図表7-6）

電車線設備は様々な必要性から電気的に区分してありますが、管理統制するルールの中で「き電系統」と呼んでいます。き電系統は単に電気回路を区分するだけでなく、事故時にも可能な区間に対しては、き電をすることで列車ダイヤの乱れを最小限にするための工夫がされています。

≫ 電気的区分した他系統からの応援

大きな駅構内・運転所・車両基地・電留線等で事故が発生した場合は、電気車の入出区ができなくなり列車ダイヤの混乱を大きくします。このため断路器や開閉器を設備して他の系統から電気が送れるようなシステムとしています。

≫ 専用のき電線設備

主要な電留基地線では事故時の影響が大きいことから、専用のき電線を設備し、上下き電系統との相互連携で支障を最小限にしています。

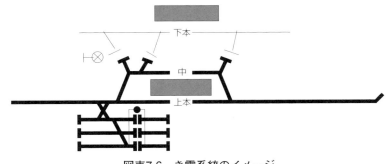

図表7-6　き電系統のイメージ

≫ き電系統と統制のポイント

　電車線路は、必要な時に必要な区間を停電できるシステムにしてありますが、事故時等の緊急の際には関係箇所との連携が最も大切です。関係箇所への連絡・周知が徹底されないと、適切な対応ができなくなり、早期の事故復旧に支障します。そのとき電気的区分を明確にした「き電系統図」は大事な武器になります。また、通常の作業を行う際にき電停止する範囲を届け出て、関係箇所に周知徹底する場合にも重要な役割をしています。

コラム⑭　ダム建設で消えた半斜ちょう式架線方式

　1967（昭42）年7月に電化開業した長野原線（現吾妻線）は、開業時は渋川・長野原間で運行されました。この区間の川原湯温泉付近の渓谷を利用したダム建設が長年計画・検討されていましたが、建設が決定し岩島・長野原草津口間が水没し、別線ルート建設で2014（平26）年10月開業しました。

　この区間は特に曲線区間が多く半径200mの箇所がありました。これを従来のシンプル架線方式で電化すると、支持物径間が20m程度となり、電柱が乱立状態で経済的にも美観上にも好ましくありませんでした。そこで検討し採用されたのが半斜ちょう式と呼ばれる方式でした。電化に際し、先駆者が苦労と研究を重ねて発想した貴重な架線方式で、この時代にはこの線区のみに存在しました。

　この方式の特徴は、さまざまな角度でちょう架線からトロリ線を吊ることができる特殊金具を利用することで、曲線に合わせてトロリ線をパンタグラフ摺動の調整をしました。この半斜ちょう式架線方式は、別線ルート開業でその使命を終わりました。

図表 I　半斜ちょう式架線

図表 J　支持点の構造

　図表Kの金具は横川の「鉄道文化むら」に展示されています。

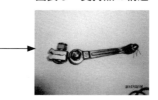

図表 K　半斜ちょう用金具

70 へびやカラスで電車が停まるのか

　停電で電車が停まると指令から原因究明と復旧要請が発せられます。事故区間は変電所と変電所の間を示しますが、場所を特定するには、全区間を確認する必要があり、相当な時間がかかるため寝食を度外視して懸命に捜索します。

①事故情報と探索
　事故点を見つけるために、変電所間の探索に双方から出動することになりますが、異常箇所の確認をしながら範囲を狭めて事故箇所の特定に向け、指令と連絡をとり合って捜索を継続します。

②事故原因の発見
　捜索を継続しているうちに、へびやカラスの死骸を発見。まだ外見が新しいことから、原因はこれと特定できたので即指令に報告、しかし、別の原因があるかも知れないので、対象となる区間は全部捜索します。へびやカラスには気の毒でありますが、写真や現物確保で事故の証拠物件とします。

③なぜ事故が発生する
　このような事故は、き電線や配電線のがいしによる支持点で発生します。その支持点付近は活線の電線と鋼材等の接地物が接近しています。カラスが飛び立つ時に羽根を一杯に広げた途端に、一方の羽根が活線の電線等に触れ、他方の羽根が接地側の鋼材等に触れてしまい、あえなく感電と相成ります。へびがあんな高い所に登れるのかと疑問に思いますが実際にあったことです。極端な例として、新幹線の高架から下がっている排水用のビニールパイプをよじ登って、さらに電柱に登って感電死した例もあります。

④へびやカラスだけではない事故
　複雑な設備がある変電所内でも事故が発生することがあります。変電所にはまとまった受電設備や送電設備がありますが、カラスにとって、ブッシング等はトンガッていて余り遊び易い道具ではないでしょうが、

跳躍の得意な猿にとっては恰好の遊び場のようです。市街地の変電所ではそのようなことは無いですが、鉄道線路は果てしなく続いていますから、猿が暗躍する山の中の変電所もあります。敏捷がゆえにの結果であり可哀想ですが、感電死した事故もあります。

⑤**へびやカラスで電車はどのくらいの時間止まるのか**

接地の事故が発生すると変電所の機器が動作して、素早く電気的な遮断を行うので、電気車への電気の供給はできなくなり、列車はその時点で止まります。事故発生原因が特定できない間に電気を送ることは、二次災害の感電の危険がありますので避けなければなりません。そこで、事故が発生したと思われる範囲の変電所間を人海戦術で捜索しますので、事故点発見まで相当な時間がかかります。

⑥**事故原因発見から復旧まで**

事故原因を発見してからがまた大変です。事故箇所の状態を把握し、必要な人員と施工方法、必要な材料、必要な工具等を決めて各所に手配します。お客さまはいつ復旧かと首を長くして待っていますから、まずおおよその復旧時刻を広報し、万全の体制で早期の復旧に全力を尽くします。

⑦**鳥害防止用ネット**

電車線路のビームには鳥たちが巣作りのため針金等を運んで来て、き電線や高圧配電線に触れて接地し電気を遮断する事故があります。駅構内などでは、かごビームの内部をネットでカバーして、巣作りを防止する設備で効果を上げています（図表7-7）。

図表7-7　鳥害防止用ネット

71 電車線路事故（天災）

　天災で受ける電車線の被害は、大きく分けて地震と台風です。電気設備の技術基準によれば、「電車線路の支持物の材料及び構造は、その支持する電線等による引張荷重、風速40m/秒の風圧荷重及び当該設置場所において通常想定される気象の変化、振動、衝撃その他の外部環境の影響を考慮し、倒壊のおそれがないよう、安全なものでなければならない。」となっています。

　台風と地震による被害については、過去に多くの経験をしています。

①伊勢湾台風の被害

　この台風は、1959年9月26日に名古屋地方を襲って愛知・三重・岐阜に大被害を与え、その人的被害は、死者・行方不明5千人余りといわれています。また、高潮による潮位は過去の記録を塗り替えたということですから、瞬間風速と相俟って、歴史に残る台風であることが分かります。

　この時の電車線路設備の被害は極めて大きく、その被害により東海道本線という大動脈が止められたのですから、損害は計り知れないものであったわけです。特に、被害の大きかった区間は安城～大府及び岐阜～大垣でしたが、その時の支持物設備の被害の概略は、鉄柱傾斜・コンクリート柱倒壊及び傾斜合計で約1千本、木柱傾斜2千6百本、ビーム（トラス）湾曲変形2万9千本余、ビーム（普通）湾曲変形12万本余となっています。また、き電線・ちょう架線・トロリ線等の電線類にも相当な被害が出たようです。

②地震による被害

　地震による電車線路設備の被害は、台風の場合とは異なって徹底的な破壊を被ります。

　1964（昭39）年6月16日の新潟地震での被害も顕著でした1978（昭53）年6月12日の宮城県沖地震では、東北本線の盛土区間の一部で電柱が根こそぎ倒壊し、平坦区間でも電柱が電車線に宙ぶらりんとなった写

真が報道され、被害の大きさを知らされました。近年、設備被害はもとより貴重な多くの人命を失う、稀に見る大災害に襲われました。1995（平7）年1月17日に発生した「兵庫県南部地震」では6千余人という犠牲者の痛ましい被害でした。また、2011（平23）年3月11日に発生し岩手県から茨城県および太平洋岸を襲った「東日本大震災」は、M9.0の過去に例のない巨大地震が発生し、この地震と大津波により、死者・行方不明の方々を含め2万人を超える未曽有の大災害でした。

　因みに、この地震による電車線路設備は、電柱の折損・傾斜・ひび割れが約540箇所、各種電線の断線が約470箇所とその被害は広範囲に及んだそうです。「東日本大震災」は巨大地震・巨大津波・放射性物質の影響により未だに「復興」が憂慮されています。

③**塩害による被害と対策**

　海岸からの距離が近く、地形や風向、台風の襲来等により海水のしぶき、泡等塩分を含んだ水分により、がいしが汚損して絶縁性能が悪くなったり、アルミ線や鋼線が腐食して断線するという事故も発生します。その対策として、がいしの連結個数を増やしたり、耐汚損用のがいしを開発して耐用寿命を延ばす等の改善を行っています。また、電線類は塩害に強い線材を選定して設備する等の対策を施しています。

④**襲雷による被害と対策**

　電車線設備は地上の高い位置にあるため、直撃雷や誘導雷を受け易い設備で、対策を施している現在でも、時々襲雷の被害を受けて送電が止まり、列車の運行に支障が生じることがあります。対策として、架空地線（亜鉛めっき鋼より線55mm^2）の遮蔽角で電車線や高配電線を雷から保護します。また、適切な間隔と必要な箇所で避雷器（アレスタ）を設置して電線類や機器類の保護をしています。

⑤**着氷雪による被害と対策**

　気象条件が絡む特定地区で、トロリ線に連続してつららが付着し、パンタグラフによる走行ができなくなる事故があります。対策として、カッター車（カッター付パンタグラフ）の運行でつららを削りとることもあります。

72 電車線路事故（踏切）

　踏切保安装置は、遮断棹や警報器で列車の接近を知らせる安全装置で人命を守るシステムです。「開かずの踏切」が社会問題ともなりましたが、対策が取られ、現在ではその問題はあまり耳にしなくなりました。

　今思い起こすのは、1992年にマレーシアへ出張した時の事、踏切を車や人が通行する時、遮断棹が線路を遮断する方向に作動していたことです。人と設備との関係で、重きをどちらに置くのかという哲学のようなものがあると感じたのを思い浮べます。

≫ 踏切のトロリ線の高さ

　踏切道での電車線の高さは、省令などで自動車交通に支障を生じないようにするとともに、感電事故を防止するためき電電圧にかかわらず4.8m以上確保することになっています。しかし、前後のこ線橋等の制約で4.8m以上を確保できない踏切もあるので、歩行者等の感電事故防止の観点から直流では4.65mを確保することを基本としています。交流の場合のトロリ線の高さは特別高圧であることから4.8m以上としています。

　交流の架空電車線の場合は、「踏切道の線路の両側にビーム又はスパン線を施設してこれに危険表示すること」となっていますが、注意標として「危険高電圧電線」「制限高」を表示しています。また、電柱には補助注意標として「高電圧電線注意」を表示して注意を促すこととなっています。

　直流の架空電車線の場合も同様な設備がされています。

≫ 踏切でよく起る重大事故

　クレーンを使用した吊り上げ下げ作業を行い、作業が終了した後にアウトリガーの収納は完了したものの、すっかりブームの収納を忘れてしまったか、あるいは収納フックが外れるかして、ブームが揚がったままの状態で踏切を通過しようとしたため、トロリ線にこれが引っ掛かって

接地したりトロリ線を断線したりすることがあります。このような事故は、場合によっては感電で人命に係わることがありますので、十分な注意をして貰いたいところです。段差のある踏切ではブームだけでなく、積荷の高さにも注意が必要です（図表7-8）。

接地したりトロリ線を切ったりすると大事故になりますが、注意標が取付けられているスパン線を切った例もあり、これでも場合によっては接地事故になることもあります。

2005年6月30日に発生した踏切事故が新聞紙上に掲載されましたが、クレーンのアーム部分を架線に引っ掛け、トラックの前輪が浮き上がった状態となり、多数の運休等で大きな影響を受けたと報道されました。幸い運転手に怪我はなかったのですが、クレーンのアームを外すため送電を止めて架線を切断するなど、復旧作業をするため長い時間運転を見合わせました。

その後にも類似の事故が各地で発生し、ダイヤの混乱で乗客への大きな迷惑や設備の破損等が報道されるにつけ、アームの収納確認を完全に行っていない実態がわかります。

つい最近では2008年12月20日に両毛線の踏切でクレーン付きトラックのアーム部分が架線に引っ掛かり上下線で運転を見合わせ、再開するまでバスによる代行輸送を行なったと報道されました。

図表7-8　段差のある踏切の例

73 電車線路にかかわる事故例

　電車線路全体の事故について過去の事例を挙げると、様々な種類がありますが、この項では電車線の周辺で発生した事例のいくつかを紹介します。

①循環電流（迷走電流ともいう）によりちょう架線が断線

　線路の分岐器上の電車線は交差箇所となるため、「わたり線装置」を設備します。「わたり線装置」付近の電流はトロリ線・ちょう架線の交差、付属金具、ハンガとの接触等で複雑な並列回路を構成した電流分布となります。

　電気車が走行している時は、パンタグラフの押上げ力により電車線は押上げられますが、その際、電車線と付属金具が完全に接続されていないと、着いたり離れたりの状態になり、電流分布による局部的な電位差が発生し、そのくり返しによりアークの発生や接触部の温度が上昇し、これによりちょう架線が断線した事例があります。ちょう架線が断線すると復旧にかなり長い時間がかかり、お客様に多大な迷惑がかかりますのでこのような事故を発生させないよう、次のような対策がたてられています。

・同じ目的の電線相互を確実に接続する。
・架線金具は確実に接続するか又は確実に絶縁する。
・電線相互や架線金具類が接触しないよう十分な離隔を確保する。

　電流回路的に接続すべきところは確実に接続し、離すべきところは確実に離すか絶縁することが基本といえます。

②トロリ線局部摩耗によるトロリ線断線

　電気車のパンタグラフがトロリ線を万遍なくしゅう動しますが、直線路や設備条件の良い所ではトロリ線の摩耗はある程度一定です。しかし、曲線半径の小さい箇所などで径間差が大きく支持点箇所の設備が輻輳していたり、トロリ線の高さの差が大きかったり、特殊な金具を使用してその調整を見落としたりしますと、トロリ線の摩耗が局部的に発生する

ことがあります。そのような摩耗を局部摩耗といいます。

　また、電気車がエア・セクションの位置に停車することを余儀なくされ、一旦停止後起動する際にアークによる摩耗が発生する箇所がありますが、このような場合にも局部摩耗が進行します。そしてこれを把握できなかったため、トロリ線が断線した事例はかなりあります。

　現在は電気検測車によるデータや異常値の確認で、局部摩耗はかなり正確に把握され直ちに処置されています。

③ 保護管内部の自然腐食によるちょう架線断線

　電車線交差箇所等で、ちょう架線どうしの接触を防止するため保護管を取り付けたところ、保護管内部で局部的な腐食が進行し、ちょう架線が断線してしまった事例があります。

　この事例はすでに腐食したちょう架線に保護管を取付けた結果、水はけが悪くなったことから腐食が進行し、日常点検で見えない保護管内の腐食のため事故に至った例です。現在は、ちょう架線に巻きつけグリップを巻き、必要な時に保護管を取付けていますが、保護管には水抜き穴のあるものを使用しているので解決しています。

　過去には以上のような予測しにくい事故がありましたので、参考のため簡単に紹介しました。

④ 経験したトロリ線断線事故

　トロリ線は常時荷重に対しては強いが、繰り返しの折曲げる力にはそれほど強くないといえる事故例がありました。このような事故は自身が経験する以前にも発生しており、事例や対策についても知悉していて注意をしても発生してしまいました。

　トロリ線新設時にわたり線箇所で、ハンガ掛け作業に伴うトロリ線ねじれ直しの際、トロリ線に屈曲の応力が働き断線した事例です。

　事故防止は多くの場合過去の教訓を生かして行いますが、忘れた頃に発生させない「気配りと予知」が事故防止の要といえます。

74 電車線路の環境対策はどうなっているのか

　近年、環境対策に対しての一般の関心が非常に高く、環境基本法の基本理念では「環境の恵沢の享受と継承」、「環境への負荷の少ない継続的発展が可能な社会の構築」等が謳われています。環境問題・対策は、現代のキーワードのひとつであり、避けては通れない経営テーマです。

　電車線路設備においての主要な環境対策は騒音、振動、景観、建設副産物、通信誘導障害等です。

① 騒音・振動

　電車線路における騒音・振動対策は、電車線路工事中の騒音・振動であり、これは、特に夜間作業における支持物、電車線新設、電車線張替え工事による、都市部の近隣住民等への騒音が対象になります。筆者も過去に電車線張替え作業の夜間作業において、工事の責任者と作業員の事前の打ち合わせにより、「人の声」、「機械騒音」、「機械振動」等を極力出さないようにした経験があります。工事指揮者がハンマーで工事用車両の角をコツン、コツンと叩くと、工事用車両が静かに発車し、定位置に停止し、そこでは、一切「人の声は出さない」で淡々と作業を進める等、特段の配慮をして夜間作業を実施しました。夜間作業時の人の声や電車線調整時のハンマー音は、特に近隣住民に耳障りなものです。

　振動についても住宅密集地付近では、工事用車両の速度を落としたり、アイドリングストップを行っています。

　新幹線においては、トロリ線とパンタグラフの火花放電による騒音防止対策として、電車線のハンガ間隔を従来5メートルから3.5メートルに縮小したり、トロリ線の高張力化等の対策を行っています。

② 景観

　電車線路の景観対策は、都市部やその周辺部の場合、鉄道周囲との景観のマッチングが重要です。それは、人と周辺環境の豊かな触れ合いです。電車線路設備を見ると、支持物はコンクリート柱や鋼管柱と鋼管ビームとの組み合わせによりスリム化され、電車線は、設備の統合化によ

り全体として簡素な設備を実現して、周辺環境とのマッチングを推進しています。

③建設副産物

電車線路設備の建設副産物は、設備の新設や更新時の支持物のコンクリートくず、電柱基礎新設に伴う発生残土、トロリ線やちょう架線くず、電車線金具の発生くず等が主なるものです。

特にコンクリート柱を切断撤去したものや支持物基礎新設時に発生した残土等は建設リサイクル法の適用を受けるため、適正に処理しています。また、ケーブルやトロリ線のくずはリサイクル処理の対象になっています。

これらの副産物は、線路の近傍に一時仮置きしておくと、列車の運行に支障するため、細心の注意を払って処理しています。

④通信誘導障害

交流区間はトロリ線電流とレール電流のアンバランス（レールからの漏れた電流）が原因で、沿線の通信線に電磁誘導（トロリ線と通信線の相互作用）による雑音障害等を発生することがあります。これを防止するために吸上げ変圧器（BT）や単巻変圧器（AT）を設置して、適当な間隔でレール電流を負き電線やき電線に吸い上げ、レールに流れる電流を少なくしてアンバランスにならないようにして通信誘導障害を防止しています。

同軸き電ケーブルも同様にレール電流をケーブルの外部導体に吸上げてトロリ線電流とレール電流のアンバランスを解消して通信誘導障害を防止しています。

75 電車線路と安全の新しい技術

　電車線路に関わる安全は、危険に対して現状のみならず、将来においても継続的に事故（災害）を発生させない努力の成果であって、危険を常に予測し的確な判断で予防することです。

① **人的な安全（ソフト面）**

　計画・設計段階では未然防止活動の一環として、QC・計画段階からの危険予知活動（KYK）・ヒヤリ・ハット活動・4M活動、安全意識の高揚（イベント）を、施工段階では、安全パトロール・安全点検・ツールボックスミーティングにより安全の先取り活動を行っています。これらを実施することにより、全員参加の安全意識の高揚、自覚、安全職場の風土を醸成します。

　4M活動は、世界で広く実施されている災害分析方法の一つで最も有効とされています。これはアメリカ空軍が開発し、国家運輸安全委員会（NTSB）で採用している手法で、事故（災害）という結果にかかわりを持った全ての事項を時系列的に洗い出し、その連鎖関係を明らかにするものです。

　4Mは、Man（人的要因）、Machine（設備的要因）、Media（作業・環境的要因）、Management（管理的要因）の4つのキーワードです。事故（災害）の諸事情をこの4Mに当てはめ、事故（災害）要因として直接的かつ決定的な因果関係を持つと判断されるものについて検討し、具体的な対策を樹てるものです。

　災害要因が4Mから成ることから、具体的な対策もこの4Mの側面から対策を立てることが重要です。実際の活動の場面においても、10人程度のグループで1.5〜2時間の活動で実情を踏まえた事故防止対策案が検討できます。その提案も緊急に対処しなければならないものは即設計に反映し、時間と費用のかかる大きなテーマについては、対策案を詳細に検討・検証して実施するか、または代替案により対応するのかの意思決定を行います。

平成18年の労働安全衛生法の改正により、安全管理者の選任義務のある業種において、建設物の設置や変更、作業方法（手順）の採用や変更時等は、「危険性又は有害性等の調査」（リスクアセスメント）を行うべき努力義務が課せられています。事前に危険性や有害性について、評価を行うように努めなければなりません。
　また、安全対策の優先順位は、①危険性又は有害性の除去又は低減（本質安全化）、②工学的対策（安全装置等）、③管理的対策（作業手順書の整備等）、④保護具の使用の順番に従って実施します。

②設備・機器による安全（ハード面）
　ハード面においては、従来は施工段階の電車線路設備作業は、「はしご」を用いた高所作業が主体でした。現在では省力化・効率化・技術継承・労働災害の課題解消に向け、線路上を走る軌道・道路両用の軌陸車による多様な作業車の機械化へ移行しています。
　支持物では、従来は等辺山形鋼等を用いた複雑であるが強度の強い鉄柱、篭形ビーム、Ｖ形トラスビームを使用してきました。現在では簡素なコンクリート柱・鋼管柱・鋼管ビーム化したことにより設備の簡素化、工事・保全の省力化が図られ、安全面にも貢献しています。
　大都市近辺では、工事・保全時の線路閉鎖等の着手・終了の運転手続きにおいて従来の電話による聞き違い、手続きミスが大きな事故に結びつきます。これを解消するために、人による運転取扱のための手続きをコンピューターを活用した端末機使用により手続きのシステム変更したことで、運転事故・傷害事故防止に寄与しています。
　以上の方法により電車線では、機械化施工、電車線の作業方法の改善等により、作業の省力化のみならず、作業の安全性についても一段と向上しています。

76 電車線路作業と高年齢化対策

　現在の日本の労働力人口は約6,530万人で55歳以上の就業者数は1,941万人と約30％を占めています。厚生労働省では、統計的見地から50歳以上を高齢者と位置付けています。2017（平29）年の50歳以上の年齢別千人率（労働災害による死傷者数/年間の平均労働者数×1000）（図表7-9）の災害発生率は若年労働者に比べて高く、高年齢者の死傷災害数も死傷

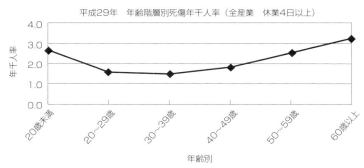

図表7-9　平成29年　年齢別年千人率

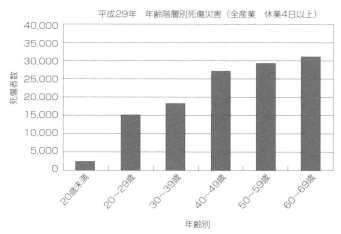

図表7-10　平成29年　年齢階層別死傷災害

者全体の約48％（図表7-10）を占めています。

高年齢者は、豊富な知識、経験、高度な判断力、統率力を備えており、高齢化社会において高年齢労働者の活力がより必要な時代になっています。反面、加齢に伴う心身機能の低下が現れ、それが労働災害発生の要因の一つになっています。

高年齢者の特性として運動機能、近距離視力の視覚機能、騒音のある場所での会話や伝達の聴覚機能、短期記憶の記憶力等は加齢とともに低下することは避けられませんが、これらを理解した上で、適切な補完措置により、高年齢のよい面を引き出せるようにすることが重要です。

≫電車線路作業と高年齢者の安全対策
①墜落・転落防止
墜落・転落防止は、軌陸両用の作業車による機械化施工の活用により、安定した足場や裕度のあるスペースでの作業が有効です。また、以前に多人数の大切替工事において、重要な切換箇所にカメラを設置し、それを地上切換本部のモニターテレビで監視して工事の責任者が作業員に、そこから危険防止の指示を出していました。通常の作業においても、工事の責任者は同様の配慮が必要です。

②重量物等取扱い方法の改善
重量物等取扱いの方法については、電柱、ビーム、自動張力調整装置等の重量物の運搬、取付けにはトラッククレーン等の機械化を推進し、なるべく人力に頼らない作業に改善することが必要です。なお、トラッククレーン据付時には吊り上げる重量の確認、トラッククレーンの機能、設置場所の地耐力のチェック等も重要です。これらのチェック漏れでトラッククレーンの転倒など思わぬ事故を起こしてしまいます。

③視聴覚機能の補助
視聴覚機能の補助については、機械化の作業台上の照明を改善したり、電車線路平図面の表示拡大、ポイントを絞った作業指示や作業指示を耳から目で見る管理の心配りも必要です。

④高年齢者の知識・経験・技能（熟練技能者）を活かす職務への再配置

熟練技能者は、試作、作業工法の改良、作業手順の改良、作業工程等の改良、教育訓練の指導、工具・材料の準備、安全管理部門等へ再配置し、熟練技能者としての広い知識や経験を活用する配慮も必要です。

⑤ **健康管理の充実**

　健康管理については、常日頃からの高年齢者への健康づくりの指導や作業開始前のミーティング時に、健康状態の把握等きめ細かな対応は欠かせません。

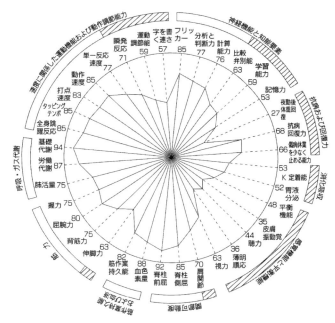

図表7-11　高年齢者（55歳～59歳）の心身機能の特性（対20歳～24歳）

　高年齢者は、図表7-11でもわかるように記憶力は53％、平衡感覚（バランス）48％、聴力は44％などですが、分析と判断力は77％、動作速度は85％など衰えを感じさせないものもあります。また、高年齢者は身体機能の弱点を補い、知識・経験・技能の豊富な蓄積は、貴重な財産です。昨今、慢性的な人手不足を解消するためにも多くの高年齢者が活躍しています。

77 電車線路とリスクマネジメントシステム

　従来の安全管理は、感電・墜落、触車、設備の事故（災害）のために個別の未然防止対策を検討していました。しかし近年、安全管理では、個別に安全対策を実施するのではなく、組織のマネジメントの問題として、規制よりも自主管理を主体として対応し、未然防止に取り組むことが必要な状況になってきています。この中心的なテーマがリスク（危険）、リスクアセスメント（危険の事前評価）、リスクマネジメント（危険の管理）です。

① リスク
　リスクは一般的に危害の発生確率と被害規模の組み合わせによって表されることが多く、リスク値が同じであれば小発生確率×大被害規模のリスクは、大発生確率×小被害規模のリスクよりも重要であると認定される場合が多いです。

② リスクアセスメント
　リスクアセスメントは、組織の活動に潜む危険源を探し出し、特定し、危険源にかかわるリスクを評価することで、リスクマネジメントの中核をなす活動です。危険源特定、発生確率と被害規模との関係（リスクの見積り）、リスクの評価を行うことです。

③ リスクマネジメントシステム
　リスクマネジメントは、リスクアセスメントとリスクを低減させるリスク対策を組み合わせたものです。リスクマネジメントでは組織の経営資源の範囲内で最適な対策を効率的・経済的・効果的に検討し実施します。リスクマネジメントシステムは、リスク対策を運用・管理し、不都合があれば是正・改善を行うものです。

≫ 電車線路のリスクマネジメントシステムの事例
　電車線路工事のリスクマネジメントシステムの一例を以下に示します。
STEP1　リスク対応方針の策定

「工事の事故防止の徹底（感電・墜落・お客様の怪我の防止）を図る」を策定します。責任者は、事前に関係者に対しリスク対応方針を明確に表明します。

STEP2　リスクアセスメント

・危険源の特定

工事関係者は過去の事故、危険予知活動（KYK）や作業観察等から工事に伴う危険源の特定を行います。

(1) 高所作業による感電・墜落
(2) 停電作業時間前での無断作業による感電・墜落
(3) 駅ホーム上の支持物工事によるお客様の怪我

・リスク見積り・リスク評価

リスク評価は、工事関係者の意見をよく聞いて、リスクを見積り、その評価を行います（図表7-12）。

STEP3　リスク対策

(1) 高所作業による感電・墜落：工事の全面的な機械化施工、保護具等の着用、教育訓練等を行います。
(2) 停電作業時間前での無断作業による感電・墜落：停電作業前の無断作業を厳禁し、責任者の監視を徹底する。
(3) 駅ホーム上の支持物工事によるお客様の怪我：作業は夜間作業とし、作業範囲は柵、注意標等で安全防護を行う。

STEP4　確実な実施による運用・管理（変更時の改善を含む）

以上の事項を確実に実施し、適切な管理を行います。

危険源の特定	発生確率	被害規模	リスク評価
1. 高所作業による感電・墜落	中	大	重要
2. 停電作業時間前での無断作業による感電・墜落	中	大	重要
3. 駅のホーム上で支持物施工時のお客の怪我	小	大	重要

図表7-12　リスクの見積り・リスク評価

78 電車線路とヒューマンエラー

　ヒューマンエラーは新聞、雑誌の報道でよく見聞きする言葉ですがヒューマンエラーとは人間が犯すあやまち、人の失敗、人的過誤のことです。つまり、「なすべき」ときに「なすべきことをしない」、「なすべきでない」とき「なすべきでないことをする」ことをいいます。

　ヒューマンエラーが発生したことによりすぐに事故（突然発生する悪い出来事）が起こるというものではありません。例えば、電柱に登って電車線作業をしている場合に、足を踏み外しても安全帯やヘルメットを着用していれば、大事には至らない場合もあります。しかし、これらの装備もせずに作業をし、運悪く墜落した場合などは、死傷の大事故に発展する可能性もあります。

　ヒューマンエラーには、不注意のために起こった過失のエラーと、わざとする故意のエラーがあります。過失のエラーには、自動車の前方不注意のような無意識に犯す「ミス」と、自動車でギアをドライブに入れたつもりがバックに入っているような、無意識に考えたことと反対のことをやってしまう「スリップ」があります。故意のエラーには、踏切があるのに遠周りになるため、目前の線路を横断するような「近道行動」、線路閉鎖時間前の作業着手のような「違反行為」、ベテランが作業の一部を省略するような「手抜き」等があります。

　しかし、ヒューマンエラーの原因や対策を考える場合は、人間の特性や人間を取り巻く人間、設備、作業環境、情報、管理等の要素も考慮に入れて総合的に考えていく必要があります。

≫代表的な電車線路におけるヒューマンエラー
①知識不足・経験不足によるミス
　作業を遂行するのに必要な知識や技量を持っていなかったために生じるヒューマンエラーのことで、初心者型のエラーです。例えば、き電分岐線の圧縮接続の場合に、電線を接続するための接続管（圧縮スリーブ）

への挿入不足や圧縮スリーブの種類の間違い、電線を圧縮する機械の金型（ダイス）のサイズ間違い等があります。これらは、電線接続の教育訓練、OJTによるベテランとの組み合わせで作業を行い、「だろう・よかろう」作業をさせないように習熟させることが重要です。

②**故意のエラー**

　ルール違反です。ベテランの自信過剰、めんどうだから・急いでいるからのように、仕事に慣れてきたベテランに多いヒューマンエラーです。

　例えば、夜間作業において営業線の線路閉鎖時間を無視して作業を行い、電車との接触事故や停電作業において、停電開始前に思い込みで作業を開始して、感電・墜落の死傷労働災害を起こす場合があります。

　これを放置すると組織風土全体が乱れ、本来の規則も守られなくなってしまい、場合によっては会社に事故、損失、労働災害の大打撃を与える恐れがあります。従って、管理・監督者の作業開始・終了時のチェックや安全パトロールも必要になります。

③**錯誤・失念のミス**

　思い込み、考え違い等のヒューマンエラーを錯誤といい、ベテランになるほど多いことが特徴です。これは、仕事の型ができているために無意識で行動することができるために、不注意状態で作業を行うためです。したがって、これらを避けるには作業者について、工事や保全のある期間の作業場所や区間を固定させたり、指差呼称を行い、注意を喚起する対策が必要です。

　また、本作業前の失念や本作業後の失念があります。本作業前の失念対策には、できるだけ、各人の作業の役割分担を明確にし、一人に負担をかけないような作業計画を立て、いろんな作業を行わせないことが必要です。本作業後の失念の対策には、別の目でチェックする役割分担が必要です。

第8章 電車線路のこれから

79 電車線路と国際規格化

近年、鉄道利用者の国内需要は堅調ですが、今後の国内人口の減少傾向から大きな需要は見込めません。

一方海外では、アジア、ヨーロッパ、北米を中心に大きな市場があり今後も成長するだろうと言われています。

したがって、これからの日本は、海外における事業展開を促進し、大きな需要を積極的に取り込むことが重要になってきます。

日本の鉄道の強みは、「安全性」、「定時性」のサービス品質の高さ、故障・欠陥の少なさ、納期厳守、低いライフサイクルコストです。

鉄道の、電車線路にとっても、国際規格化が重要なキーワードになってきました。

≫なぜ国際規格化か

国際貿易の円滑化・促進のなどのために制定される規格が国際規格です。海外の契約では、規格が多用され国際規格が用いられることが多いのです。

国際規格とは、国際標準化機関が定めた規格（取り決め）です。

WTO（世界貿易機関）のTBT協定（貿易の技術的障害に関する協定）により、国家規格をつくるときは、国際規格を基礎として制定することが義務づけられています。

日本は、1995（平7）年にWTOのTBT協定を結びました。

原則として、国際規格の全体をJISに採用する、採用することが不可能な場合は、国際規格に日本の特殊事情を追加した形でJISとするということです。

鉄道分野における国際規格は、現在国際標準化全般を担当するISO（国際標準化機構）と電気電子システム担当するIEC（国際電気標準会議）などで審議が行われています。

ISOとIECは、国際貿易の円滑化・促進のために国際規格の策定を目

的にしている非政府組織（NGO）です。

IECにおいては、1924（大13）年に設置された鉄道用電気設備とシステムに関する専門委員会（TC9）において様々な規格の開発を行っています。

2012（平24）年には、ISOにおいても鉄道分野専門委員会（TC269）が設置されました。この委員会では個別製品の規格のほか、全体に共通する包括的な規格の審議も行うとこにより、鉄道全般に関わる国際規格が審議されています。

鉄道に関する国際規格の国内審議体制

国内審議体制は、図表8-1鉄道に関する国際規格の国内審議体制に示します。

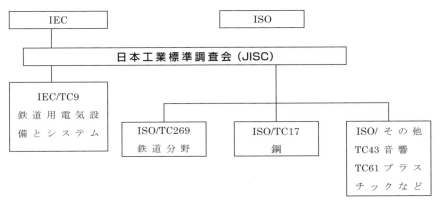

注　JISC：日本工業標準調査会（Japanese Industrial Standards Committee）
　　　　工業標準化全般に関する調査・審議を行っている。
　　TC：専門委員会（technical committee）

図表8-1　鉄道に関する国際規格の国内審議体制

2004年度より、国内審議団体は（財）鉄道総合技術研究所です。ただし、車両関係は（社）日本鉄道車両工業会です。

これらの組織は、日本の鉄道技術を国際市場へ展開するという攻めの観点や国際規格の場において、日本の鉄道システムの特徴が排除されな

いようにすることを目標に活動しています。

　電車線路関係においては、IEC、ISO以外にも、世界保健機構（WHO）から人の健康に影響のおそれがある規制もあります。

　①　電車線の高さ（IEC60913）
　②　電車線電圧（IEC60850）
　③　電車線路の用語（IEC60050、IEC60913）
　④　世界保健機構による電磁界規制（WHOファクトシートNO.322）

などがあり、今後はますます増えると予想されます。

80 電車線路の若手の人材育成

　守破離（しゅはり）とは日本の茶道、武道、芸術などの修行法の極意として示されています。師匠に言われたこと、「守」（型を守る）ところから修行が始まります。その後、その型を自分と照らし合わせて研究することにより、自分に合った、より良いと思われる型を作ることにより既存の型を「破」ります。最終的には、師匠や自分自身が創り出した型や技をよく理解しているため、型から「離れ」自由になることができるという考え方です。

　これは、芸道だけではなく、電車線路の仕事（電車線路設計や施工）にも当てはめることができます。

　　守：先輩などの支援のもとに作業を遂行できる「まねる」
　　破：作業を分析し、改善・改良ができる「変える」
　　離：新たな知識（技術）を開発できる「自分の型をつくる」
ということです。

　これらの発想は、電車線路の若手の人材育成にも当てはまります。

　これを電車線路設計の経験にあてはめると、「まねる」「変える」「自分の型をつくる」になります。

≫「まねる」

　まず、若手社員が仕事を覚えるときは「まねる」ことから始めます。

　設計の場合は、ベテランや先輩社員が作成した設計図書（き電方式、電車線路平面図、装柱図、各種計算書、仕様書など）をよく自分なりに理解し、「まねる」ことから始まります。

　図面の作り方から工事費の算出方法、仕様書（仕事の進め方などを規定した要求事項のこと）の作り方などです。

　そこで、設計の仕事の型を覚えます。この時、常に頭の片隅に置いておくことは「なぜか」「何のためか」「目的は何か」というキーワードです。以上のまねることで、特に気を付けたいことは、設計の全体像を把

握していることです。

また、まねることに関係して重要なことは、現場や他系統との密接なコミュニケーションです。これは、設計成果の成否を決めます。

まねるの段階から、今度は自分の仕事（建設、改良工事）として、実際自分でやってみることです。実際に自分でやってみることで、いろんな「気づき」があります。技術や技能のなさに気づくはずです。

その都度自分で勉強をしたり、社外の教育機関の活用を図りますが、OJTが最適です。そこで、実質的な実務経験を多く積むことです。

理論的なことはもとより、いろんな計算をすることにより自分の設計に対する、考え方や理論的な裏づけができることにより、自信が持て、次のステップに進むことができます。

≫「変える」

次の段階の「変える」は、実務経験を積むことにより、その結果として「変える」の発想が出てきます。

仕事に対してさらなる実務経験を積むことにより、分析、改良、改善の芽が出てくるのです。

≫「自分の型をつくる」

これまでの「まねる」「変える」を踏まえて「自分の型をつくる」という段階になり、電車線路に関する、新たな技術開発、改良を行うことができます。

電車線路設計は、一朝一夕には身につくものではありません。長年の経験（知識、技能）が肝要です。

また、鉄道の仕事は、システム産業と言われるように、施設、運転、営業などとの良好な関係により安全・安定的な輸送が確保されます。そのシステム中に電車線路設備があり、重要な役割、使命を担っています。

電車線路設計の全体像の事例　新線電化の場合を図表8-2に示します。

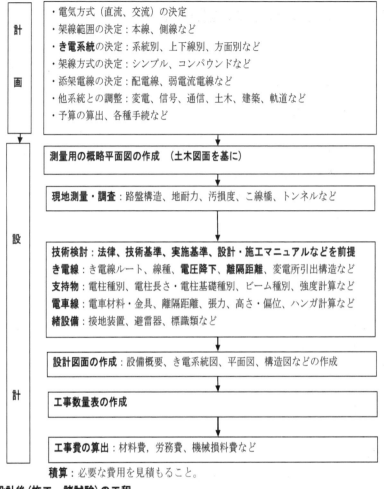

設計後(施工、諸試験)の工程

図表8-2　電車線路設計の全体像の事例　新線電化の場合

81 メンタル面の事故防止対策

　スポーツの世界でよく使われる言葉ですが、スポーツ以外でもメンタルという言葉はよく聞かれます。メンタルとは何か。
　「精神的」や「心理的」という意味の言葉で使われています。
　電車線路の事故防止においても、メンタルの強い人や弱い人の対応によって、ダウンタイムが長引いたり事故後の対応にも影響します。
　メンタルが強い人の特徴は、
①事故時でも落ち着いて判断できる
②ぶれない
③自信を持っている
④あきらめない、行動力がある
⑤少しのことで驚かない、思考がポジティブ
　メンタルの弱い人の特徴は、
①失敗を引きずる
②すぐあきらめる
③行動力がない
④思考がネガティブ
などです。

≫ 自信をつけること

①失敗体験・経験が注目されていますが、普段の仕事は、ほとんどが成功体験の上に成り立っています。
　これらの小さな成功体験を積み重ねることです。この成功体験・経験は自信にもつながります。また、失敗時にも応用がききます。
②普段から先のことを見据えて準備を怠らないことです。
　例として、停電作業において、もし停電作業中に作業用ハンディターミナルが固まってしまったときには、すぐに指令に連絡し指示を受ける、電車線のハンガが外れた場合は、ハンガイヤーをそのまま残しハンガだ

けを撤去します。ハンガイヤーを撤去したら、そのままの状態で「まず列車を通し」夜間作業で復旧することです。このように、先のことを考えて常に準備しておくことは、簡単そうで、難しいことなのです。

このように、事故時の対策パターンをいくつも想定できる人は、メンタルの強さを持っている人です。

このような、何が大事で何をしなければならないかを理解している人は、事故時に、落ち着いて判断でき、対応できるものです。

メンタルの弱い人は、事故などの極限状態において自分の力を発揮できず、すぐあきらめてしまうことが問題なのです。

極限状態で冷静な対応ができずパニックになり、人のせいにし人間関係も悪化させることにもなりかねません。

》レジリエンス

最近ビジネスの世界でもレジリエンスという言葉が聞かれるようになって注目を浴びるようになってきました。

もともとは弾力を意味しますが、心理学の世界では、回復力、立ち直る力を意味します。レジリエンスは、強いストレスの状況に置かれても健康状態を維持できる。ストレスの悪影響を緩和できる性質、ネガティブの影響を受けてもすぐに立ち直れる性質ことです。つまり、「逆境に強く、折れない心」のことです。

今でも研究が続いているようです。この研究の発端は、逆境に強い人と弱い人の違いは何かという疑問に端を発しているようです。

レジリエンスを高めるための要因は、
①自分を信じてあきらめない
②プロセスを生きる姿勢を持つこと（結果よりもプロセスに目を向ける）
③頑張った経験があること（仕事の中で経験を地道に重ねる）

電車線路の仕事（普段の仕事や事故対応）にも応用できそうです。

自分を信じる、仕事に対し一つ一つのプロセスに対応し、普段の仕事を地道に重ねることに尽きるのではないかと考えます。

82 実施基準は会社のバイブル

　実施基準は会社のバイブルともいわれるもので、この**実施基準**によって設備の建設、改良、保守などを行うことになります。
　つまり、会社で仕事をするためのルールの基準です。
　2002（平14）年3月31日から施行されています。
(1) 実施基準の策定時の考え方
　鉄道事業者は、省令などに適合する範囲内で、**解釈基準や解説**などを参考にしながら、個々の鉄道事業者の実情を反映した詳細な**実施基準**を策定し、これによって設備の建設、改良、保守などを行います。これは、**実施基準**の策定や変更時に国土交通省に届け出ます。
　図表8-3　実施基準策定時の手順を示します。
(2) 具体的にどんな項目があるのか
　鉄道事業者の実情を反映したものとするため例としては、総則、電車線路設備、電車線路機器設備、雑則、電車線路設備の保全、電車線路災害・事故時の処置、附則の内容になります。
　日本の鉄道事業者は、大小合わせて約200社ありますので、約200通りの**実施基準**があることになります。他社の**実施基準**は参考程度です。具体的な事例としては、
①トロリ線、き電線の許容温度
②支持物相互間の標準距離
③電車線路の安全率
④電車線路・き電線路の離隔距離
⑤電車線路の接地
⑥電車線路の保全
⑦電車線路災害、事故時の処置
⑧附則
などです。

(3) 経過措置の考え方

経過措置とは、法令などを改正するときなど、新しい法令などの移行を滑らかにする扱い方です。

例えば、2002（平14）年3月31日以前にあった旧5規則（省令）が新規則、告示になりました。そのため新省令の規定に適合しないものについては、新省令の移行後最初に行う工事が完成するまでの間は、引き続き旧省令の例によることができます。

①旧5規則とは

新幹線鉄道構造規則、普通鉄道構造規則、特殊鉄道構造規則、新幹線鉄道運転規則、鉄道運転規則のことです。

②新規則とは

鉄道に関する技術上の基準を定める省令（鉄道技術基準）

③告示とは

施設及び車両の定期検査に関する告示のことです。

(4) 実施基準策定時の手順

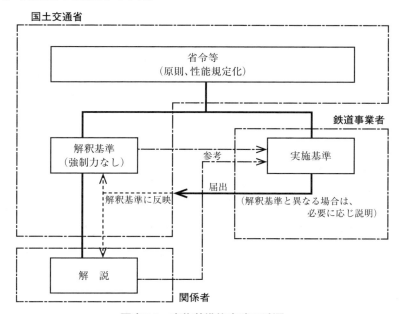

図表8-3　実施基準策定時の手順

83 新しい支持物の傾向は

≫ 電車線路支持物の課題

　電車線路の支持物に鋼管を使用したのは、雪対策のビームから始まり、東海新幹線では高架構造等のアンカボルト基礎で、鉄柱に代る省スペースの電柱として細径で強い鋼管（一般構造用炭素鋼鋼管のSTK490）を使用した事が古い仕様書などからうかがえます。

　当時は貴重品でしたが、今では供給体制や保全面などから見て、むしろ経済的な設備との認識もあり時代の流れを感じます。特に、兵庫県南部地震と東北地方太平洋沖地震の経験後、コンクリート柱に代わる素材として高く評価されるようになったのもまた時の流れと言えそうです。一方、設備を持つ各社によって違いはありますが、1945（昭30）年代後の、コンクリ柱全盛時代に設備された膨大な数の設備が一斉に補修又は取替え時期を迎えることになり、地震対策と併せて長期的な保全計画が求められています。

　コンクリート柱は、鉄柱と比較した場合に建設コストの面で圧倒的に有利な素材だったため、鉄柱の採用には各方面から厳しいチェックがあったのも事実です。あれから30年あまり、この現状を予見する人も、組織もなかった事になりそうですが、これも一つの大きな課題ではないかと思われます。

≫ 鋼管構造の課題

　鋼管構造が急速に伸びたのは最近の事と言えますが、数量的には少ないものの既に数十年を経過した設備もあります。コンクリート柱と同様に一斉に設備された現状から、将来同じ問題を繰り返さないためにも、保全データをしっかり把握し今後の保全に備える必要があると思います。

　鋼管構造に関連した、次のようなケースは参考になる事象と思います。
・海岸に接近したV形トラスビームの溶接個所に発錆

・ビーム主材の水平部に水が侵入
・ビーム主材内に侵入した水が凍結して破裂
・亜鉛メッキの部分的な焼け
などは鋼管構造の課題です。

形鋼から鋼管の時代へ

　筆者が東京へ出てきて間もなく、麻布の台地にできた東京タワーは高さ333mで、世間の目を見張らせただけでなく、パリのエッフェル塔を凌ぐような構造物を日本人が自力で完成させた事として世界の目を集めました。この事は日本人の「ものづくり」の自信になり、世界から評価されたものと思います。

　そして、ほぼ30年後には、隅田川の河畔に高さ634mの東京スカイツリーが完成し、内外から大きな評価を受け再び「ものづくり」の力を証明してくれました。

　大きく開いた脚部と極限と思われるスマートな脚部は、強烈な対比を実感するものですが、60年の間に技術・技能の進展があった事を示していると思われます。二つの構造物は、形鋼ベースの東京タワーから、鋼管ベースの東京スカイツリーになった時代背景を、だれの目にもわかりやすく証明してくれています（図表8-4及び8-5参照）。

　電車線路支持物も同様に、形鋼から鋼管へと大きく変化していますが、この項は一部「電車線路とビームの話」から引用しました。

図表8-4　今の東京タワー

図表8-5　今の東京スカイツリー

おわりに

　初版から約10年が過ぎ再度内容を新しい視点で見直しました。
①時代にそぐわないものは整理
②文中内容が変更になったものは追加・整理
③文中内容で、どうしても今、伝えておきたいことの追加
　また、電車線路のこれからのテーマとして、国際規格化、世代交代による若手の人材育成、心理面から見た事故防止対策、これからの電車線路支持物の代表になる鋼管ビーム、その他、ちょっと役立つコラムの追加で全面リニューアルしました。
　内容も初版と比べて盛りだくさんのテーマや一味違った電車線路の話題に留意しましたので気軽にお読みいただけたら幸いです。
　電車線路設備は屋外設備であり、気温・風・雪・地震等、自然や環境条件の影響をもろに受ける設備です。また、トロリ線は電気車のパンタグラフと常時安定した接触状態を保つ必要があります。
　さらに、電車線路は電気回路としての条件、接触集電のため摩耗や離線等の課題もあり、常に電気的・機械的な厳しい条件をクリアしなければなりません。
　一方、土木・軌道・建築・運転等関連技術の条件のほか、過去の経験や失敗等も考慮しなければならず、これらの技術を総合した結果が安全・安定的な電気鉄道輸送の根幹を支えています。
　2001年に鉄道に関する法令等が抜本的に改正され、全国一律の規制方式から、省令では基本事項（性能）だけを規制し、細部は個々の鉄道事業者の自主性・自己責任に委ねる方法を取り込んだ制度に改正されました。
　その結果、鉄道事業者にとっては技術的な自由度が増えた反面、自己責任の範囲も拡大しました。この考え方の流れは鉄道の分野だけではなく、技術の世界での大きな潮流ともなっています。
　今回の執筆を通じて執筆者一同、電車線路の仕事は、やりがいのある

仕事であると意を強くしたところです。特に技術的な関連事項の多い仕事の中で、関係者はお互いに協調をとらなければならないこと、鉄道事業者は常にお客様に対して「安全・安定輸送」のコンセプトをベースに、輸送サービスの提供を進めていかなければならないということを強く感じました。

　執筆に当たっては、初版「図解　よくわかる電車線路のはなし」と同様、執筆者3人が得意分野を担当しました。

　改訂版の上梓に際して日刊工業新聞社出版局の藤井浩様には大変お骨折りをいただき感謝を申し上げます。と共に暑い盛りでの鉄道博物館見学に御同道いただいたことに改めてお礼を申し上げます。

【引用・参考文献】

- （一社）日本鉄道電気技術協会編：鉄道と電気技術誌、（一社）日本鉄道電気技術協会
- 監修国鉄電気局：国鉄電気局60年史、（株）鉄道界評論社、1940
- 交友社編：電気機関車、交友社、1958年
- （社）鉄道電化協会編：電車線路風害対策委員会、風-暴風と電車線路、1961
- （社）鉄道電化協会編：電気鉄道要覧、鉄道電化協会、1973
- 高松吉太郎著：日本路面電車変遷誌、鉄道図書刊行会、1978
- 鉄道電化協会編：電気鉄道技術発達史　電気鉄道1万5千キロ突破記念、鉄道電化協会、1983
- （株）電気書院編：電気・電子工学大百科事典　第21巻輸送・交通管制、（株）電気書院、1983
- 鉄道電化協会編：続編鉄道電化と電気鉄道のあゆみ、鉄道電化協会、1988
- 地下鉄電気技術教本刊行委員会編：よくわかる地下鉄電気設備の話（変電・電車線・電路・機械編）（社）日本鉄道電気技術協会、1993
- （財）鉄道総合技術研究所編：鉄道技術用語辞典、丸善株式会社、1997
- 電力設備耐震性調査研究委員会編：電車線路設備耐震設計指針(案)・同解説及びその適用例、（財）鉄道総合技術研究所、（社）日本鉄道電気技術協会、1997
- 岩瀬勝著：集電技術ア・ラ・カルト、（財）研友社、1998
- 電車線工業協会編：電車線路工事用ポケットブック、鉄道界図書出版（株）、1998
- 山本晃著：ねじ締結の原理と設計、（株）養賢堂、2000
- 電気学会編：電気工学ハンドブック、電気学会、2000
- 粟津清蔵監修：ハンディブック土木（改訂2版）、（株）オーム社、2002
- 小松原明哲著：ヒューマンエラー、丸善株式会社、2004
- 日本規格協会編：電車線路用語、日本規格協会、2002
- 日本規格協会編：電車線路用架線金具、日本規格協会、2002
- （一社）日本鉄道電気技術協会編：解説「鉄道に関する技術基準（電気編）」、（一社）日本鉄道電気技術協会、2012
- 中央労働災害防止協会編：平成30年度　安全の指標、中央労働災害防止協会、2018
- 経済産業省　原子力安全・保安院編：解説　電気設備の技術基準、（株）文一総合出版、2017
- 榎本博明著：日本経済新聞出版社：仕事で使える心理学、2014
- 斎藤一、遠藤幸男著：高齢者の労働能力、労働科学研究所、1980

- （一社）日本鉄道技術協会誌（JREA）
- 信越線碓氷　電化工事概要　鐵道院　東部鐵道管理局
- 図解東京スカイツリーの秘密、株式会社レッカー社、2012
- 大塚節二著：写真で見る電車線路とビームの話、日刊工業新聞社、2016
- 大塚節二、猿谷應司、鈴木安男著：図解よくわかる電車線路のはなし、日刊工業新聞社、2009
- 鈴木安男、猿谷應司、大塚節二著：図解よくわかる電車線路と安全のはなし、日刊工業新聞社、2011

索　引

【 数字・アルファベット 】

2段支線 ････････････････････････････ 004
4M活動 ･････････････････････････････ 198
AT（単巻変圧器） ･････････････････････ 020
AT保護線 ･･･････････････････････････ 004
BT（吸上変圧器） ･････････････････････ 020
BTき電線 ･･･････････････････････････ 067
ED42型 ････････････････････････････ 164
IEC ･･･････････････････････････････ 209
ISO ･･･････････････････････････････ 209
I形基礎 ････････････････････････････ 147
L形導体 ････････････････････････････ 047
T形アルミ導体電車線 ･･････････････････ 050
T形基礎 ････････････････････････････ 147
V形支線 ････････････････････････････ 004
WHO ･･････････････････････････････ 210

【 ア 】

圧縮型ハンガ ････････････････････････ 124
アプト式鉄道 ････････････････････････ 164
アンカーボルト式 ････････････････････ 148
井筒基礎 ･･･････････････････････････ 147
インテグレート架線 ･･････････････････ 121
インピーダンスボンド ････････････････ 127
エア・セクション ････････････････････ 103
永久伸び ･･･････････････････････････ 111
塩害 ･････････････････････････････････ 191
エンジン引き ････････････････････････ 076
押上げ力 ･･･････････････････････････ 038
乙種風圧荷重 ････････････････････････ 156
オンレール工法 ･･････････････････････ 158
オンロード工法 ･･････････････････････ 158

【 カ 】

解釈基準 ･･･････････････････････ 003, 027
解説 ････････････････････････････････ 003
開閉装置 ･･･････････････････････ 005, 073
改良工事 ･･･････････････････････････ 043
変える ････････････････････････････････ 212
架空き電線 ･････････････････････ 005, 072
架空単線式 ･････････････････････････ 015
架空地線 ･･･････････････････････ 004, 166
架空電車線（架線） ･･････････････････ 005
架空複線式 ･････････････････････････ 015
架線死区間標識 ･･････････････････････ 170
架線終端標識 ･･･････････････････････ 171
可動ブラケット ･･･････････････････ 004, 107
感電 ････････････････････････････････ 174
感電・墜落 ･････････････････････････ 175
機器設備 ･･････････････････････････ 004
帰線 ･･････････････････････････ 004, 093
帰線用レール ･･･････････････････････ 129
帰線レール ･････････････････････････ 004
気づき ･･････････････････････････････ 182
き電 ･･･････････････････････････････ 066
き電系統 ･･･････････････････････････ 186
き電系統図 ･････････････････････････ 185
き電ケーブル ･･･････････････････････ 005
き電線 ･････････････････････････････ 005
き電線の高さ ･･･････････････････････ 028
き電ちょう架式 ･･････････････････････ 017
き電停止工事 ･･･････････････････････ 181
き電分岐装置 ･･･････････････････････ 005
記念構造物 ･････････････････････････ 145
吸引力 ･････････････････････････････ 079

曲線引金具………………………………	106
曲線引装置………………………………	005, 087
軌陸用車…………………………………	158
区分装置…………………………………	005, 103
クロスボンド……………………………	131
経過措置…………………………………	217
景観………………………………………	196
景観支持物………………………………	060
ケーブル埋設標…………………………	172
懸垂がいし………………………………	033
懸垂式モノレール………………………	047
建設副産物………………………………	197
建築限界…………………………………	025
硬アルミより線…………………………	068
鋼管柱……………………………………	004, 138
鋼管ビーム………………………………	139
甲種風圧荷重……………………………	156
交直切替設備……………………………	055
合成コンパウンドカテナリ式…………	017
合成シンプルカテナリ式………………	017
合成素子…………………………………	123
合成電車線………………………………	050
高速用シンプルカテナリ式……………	017
剛体ちょう架式…………………………	017
剛体複線式………………………………	015
硬点………………………………………	042
硬銅より線………………………………	070
交流方式…………………………………	014, 020
国際規格化………………………………	208
跨座式モノレール………………………	047
固定ビーム………………………………	004
コンクリート柱…………………………	004, 137
コンパウンドカテナリ式………………	017

[サ]

最低電圧…………………………………	035
示温材（サーモラベル）………………	075
ジグザグ偏位……………………………	097
支持装置…………………………………	004, 005
支持物……………………………………	004
支線………………………………………	004
支線防護…………………………………	004
実施基準…………………………………	027, 216
自動張力調整装置………………………	005, 090
自分の型をつくる………………………	212
車両限界…………………………………	026
修正震度法………………………………	153
集電………………………………………	037
集電靴……………………………………	164
集電性能…………………………………	018
集電有効幅………………………………	096
襲雷………………………………………	191
手動の張力調整装置……………………	090
循環電流…………………………………	099, 194
上部限界…………………………………	025
触車………………………………………	175
諸設備……………………………………	004
標…………………………………………	004
新線建設…………………………………	043
シンプルカテナリ式……………………	017
吸上線・中性線…………………………	004
吸上変圧器………………………………	004
砂詰め式…………………………………	149
セクションインシュレータ…………	104, 107
接触力……………………………………	040
線膨張係数………………………………	115
せん絡……………………………………	168
せん絡導線………………………………	004

| 線路閉鎖工事 | 181 |
| 騒音・振動 | 196 |

【タ】

台形基礎	147
第三軌条式（サードレール式）	015
耐震設計	153
楕行標	171
撓む（たわむ）	048
単支線	004
弾性係数	115
単独装柱	134
単巻変圧器	004
ちょう架線	005, 086
長幹がいし	033
長大間合	184
張力調整装置	087
直接ちょう架式	017
直流方式	014, 019
直列コンデンサ	004
地絡	168
墜落	174
ツインシンプルカテナリ式	017
通信誘導障害	197
鉄柱	004
鉄道安全	029
鉄道営業法	031
鉄道技術基準	002
デッドセクション	104
電圧降下	035
電気事業法	028, 031
電気的区分	185
電気鉄道のシステム	014
電気腐食	130

電車線	005
電車線区分標	171
電車線の高さ	027, 094
電車線の偏位	028
電車線路	004
電車線路がいし	032
電車線路のシステム	014
電線引抜工法	119
電柱	004
電柱番号	151
電柱番号標	171
電柱防護	004
東京スカイツリー	219
東京タワー	219
同軸ケーブルき電方式	071
動的解析法	154
導電鋼レール	048
道路構造令	095
道路法	029
ドロッパ	005
トロリ線	005, 086
トロリ線応力	059
トロリ線押上量	059
トロリ線局部摩耗	194

【ナ】

投げ込み式	149
新潟地震	190
日本工業規格（JIS）	031
年齢階層別死傷災害	200
年齢別年千人率	200

【ハ】

| ハイパー架線 | 121 |

はしご作業	113
裸線	092
波動伝播速度	058
バランサ（ばね式）	107
ハンガ	005, 086, 106
半斜ちょう式架線方式	187
パンタグラフ	037
パンタグラフ有効幅	096
ビーム	004
東日本大震災	191
引留装置	005
被覆電線	093
ヒューマンエラー	205
兵庫県南部地震	153
標識	004
標準電圧	022
避雷器	004
避雷器（アレスタ）	166
疲労破断	112
負き電線	004, 067
踏切注意標	172
振止金具	106
振止装置	005, 087
丙種風圧荷重	156
ヘビーコンパウンドカテナリ式	017
ヘビーシンプルカテナリ式	017
変形Y形シンプルカテナリ式	017
変電所引込帰線	004
保安器	004
保護設備	004
補助ちょう架線	005
ポリマーがいし	034

【マ】

まず列車を通す	084
まねる	211
みぞ付きアルミ覆鋼トロリ線（TAトロリ線）	101
みぞ付き硬銅トロリ線（GT）	101
みぞ付き銅覆鋼トロリ線（CSトロリ線）	101
宮城県沖地震	153
迷走電流	130
メンタル	214
モルタル式	149
門形装柱	134

【ヤ】

横巻きトロリ線	102

【ラ】

リアクションプレート	051
離隔距離	176
リスク	203
リスクアセスメント	199, 203
リスクマネジメント	203
離線率	059
力行標	171
リラクゼーション	110
レールの絶縁	126
レールボンド	131
レジリエンス	215
連続網目架線	123
労働安全衛生法	029

【ワ】

若手の人材育成	211
わたり線装置	005, 098

【プロジェクトZのメンバー紹介】

鈴木安男
（すずきやすお）

1947年生　鈴木コンサルタント事務所　所長

技術士（総合技術監理部門、電気電子部門）、労働安全コンサルタント、CEAR環境審査員補（ISO14001）、プロジェクトZ代表。JR東日本（株）において電車線路の調査・計画・設計・施工を担当。電車線路の設計等の指導講師。（公社）日本技術士会　工事監査WG幹事、（一社）日本労働安全衛生コンサルタント会神奈川支部監事、NPO法人 かわさき技術士センター監事、（一社）日本鉄道電気技術協会会委員

修正事項：第1章1～5、7～9、18～20、第2章21～26、第3章36、38、39、41、第7章65、74～78、第8章79～82

追加事項：コラム①、コラム②、コラム⑦、コラム⑧、コラム⑬

猿谷應司
（さるやふさじ）

1938年生　猿谷TCN（テクニ）代表

JR東日本（株）及び関連会社において電車線路の調査・計画・設計・施工・保全を担当。執筆活動。電車線路の設計・施工の基礎を確立。JR東日本（株）ヘルプデスク。電車線路の設計等の指導講師。前（一社）碓氷峠交流記念財団理事、東日本鉄道OB会会員、（一社）日本鉄道電気技術協会会委員

修正事項：第1章6、10、13、17、第3章29、31～33、35、37、43、第4章46、第6章61～64、66～73

追加事項：コラム③、コラム⑪、コラム⑫、コラム⑭

大塚節二
（おおつかせつじ）

1934年生　大塚技術士事務所　代表　技術士（電気電子部門）

JR東日本（株）及び関連会社において長年電車線路の調査・計画・設計・施工・保全を担当。電車線路の設計等の指導講師。執筆活動。電車線路設計・施工に関する基礎を確立。新型支持物の開発に従事。（株）シントーコー顧問、（一社）日本鉄道電気技術協会会員

修正事項：第1章11、12、14～16、第2章27～28、第3章30、34、40、42、44～45、第4章47、48、第5章49～60、第8章83

追加事項：コラム④、コラム⑤、コラム⑥、コラム⑨、コラム⑩

図解よくわかる
電車線路のはなし〈第2版〉 NDC546

2009年5月25日	初版1刷発行
2009年11月30日	初版3刷発行
2018年12月25日	第2版1刷発行
2019年5月8日	第2版2刷発行

（定価はカバーに表示してあります）

Ⓒ 著 者　鈴木安男・猿谷應司・大塚節二
　発行者　井水　治博
　発行所　日刊工業新聞社
　　　　　〒103-8548　東京都中央区日本橋小網町14-1
　電　話　書籍編集部　03（5644）7490
　　　　　販売・管理部　03（5644）7410
　FAX　　03（5644）7400
　振替口座　00190-2-186076
　URL　　http://pub.nikkan.co.jp/
　e-mail　info@media.nikkan.co.jp
　印刷・製本　㈱ティーケー出版印刷

落丁・乱丁本はお取り替えいたします。
2018 Printed in Japan
ISBN 978-4-526-07903-0

本書の無断複写は、著作権法上の例外を除き、禁じられています。